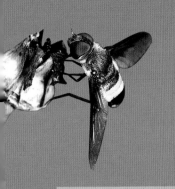

昆虫
精彩趣闻

徐林瑜　著

河南科学技术出版社

·郑州·

图书在版编目（CIP）数据

昆虫精彩趣闻 / 徐林瑜著 . —郑州：河南科学技术出版社，2023.1

ISBN 978-7-5725-0735-9

Ⅰ . ①昆… Ⅱ . ①徐… Ⅲ . ①昆虫学—普及读物 Ⅳ . ① Q96-49

中国版本图书馆 CIP 数据核字（2022）第 025456 号

出版发行：河南科学技术出版社

　　　　　地址：郑州市郑东新区祥盛街 27 号　　　邮编：450016

　　　　　电话：（0371）65737028　　65788613

　　　　　网址：www.hnstp.cn

策划编辑：李义坤

责任编辑：李义坤　许　静

责任校对：尹凤娟

封面设计：张　伟

责任印制：张艳芳

印　　刷：郑州新海岸电脑彩色制印有限公司

经　　销：全国新华书店

开　　本：890 mm×1240 mm　1/32　印张：8　字数：280 千字

版　　次：2023 年 1 月第 1 版　　2023 年 1 月第 1 次印刷

定　　价：68.00 元

内容提要

　　本书细致入微地描述了中原地区近百种昆虫的形态特征、生活习性和奇特行为，揭示了很多鲜为人知的昆虫秘密，并记录下了昆虫生活的精彩瞬间。

　　本书通过微距摄影将米粒大小的昆虫清晰地展现在读者面前，全书共收录80篇文篇，并配有近500幅精美的昆虫微距照片，将昆虫的趣味性和故事性有机结合起来，很适合广大青少年阅读。

昆虫精彩趣闻

李金明 题

《昆虫精彩趣闻》书名题写：浙江省政协原主席，全国政协人口资源环境委员会副主任李金明

作者简介

徐林瑜，男，1950 年 12 月生，河南省南阳市人。从事摄影达 50 年之久，拍摄昆虫生态照片 3 万余幅，其摄影作品曾获得全国艺术摄影大赛昆虫类优秀奖，并有百余幅作品先后在南阳各大学、市级群艺馆、市科技馆、小学、街道、社区展出。为了拍摄和研究昆虫，他不辞辛苦，深入深山细致地观察昆虫的生活习性，并自制了微距镜头进行拍摄，发现了一些尚未为人知的昆虫趣闻，他的事迹先后被《河南科技报》《河南工人》等新闻媒体报道，社会影响颇佳，累计有 2 100 多位观众为其昆虫摄影作品签名，有 150 多位观众书写现场感言，其摄影作品深受广大青少年的喜爱。

小视野大世界

——走进神奇精彩的昆虫王国

为纪念法国杰出的昆虫学家让·亨利·卡西米尔·法布尔（以下简称法布尔）先生（1823—1915）诞辰 198 周年而出版本书。

出生于法国南部普罗旺斯圣莱昂一家农户的法布尔先生，耗费一生精力，创作了传世佳作《昆虫记》。它以充满爱的语言向人们描绘了异彩纷呈的昆虫生活，同时透过昆虫生活折射出人类的世界。

为了纪念这位伟大的世界昆虫学巨匠，笔者把近几年用数码相机拍摄的数万张昆虫照片及对昆虫的精心观察和理解进行总结，撰写成本书，同时也把我国中原地区的昆虫介绍出去，以飨读者。

昆虫学是一门研究昆虫形态、构造、分类、生理、生态、病理、遗传、毒理及其生长繁衍等生命活动规律的科学。它对研究人类生产、生活、环境有极大的帮助，了解它们的习性对造福人类有极大的益处。

由于昆虫很小，所以较长一段时间，人们对经常见到的蜜蜂、蜻蜓、豆娘、螳螂等昆虫的认知存在某些偏颇、模糊之处。如蜂王交尾是在空中还是在蜂巢，蜜蜂分群是新蜂王带领部分蜜蜂另起炉灶还是老蜂王带领蜂群离巢，蜂王和雄蜂是否都有尾针，豆娘会手足相残吗，它们又是如何吃的呢？螳螂交配完成后"妻子"为什么要吃掉"丈夫"，沙滩中的小昆虫"倒臀"如何行走，身体瘦小单薄的草蛉如何在旷野中度过严寒的冬天，昆虫是如何装死的，竹节虫的断肢能否再生及蜕皮时连续 7 ~ 10 天不吃不喝会饿死吗？这些问题在本书中都能找到答案。

我国幅员辽阔，气候特征明显，生态系统类型复杂多样。气候带横跨热带、

亚热带、中温带、暖温带、寒温带，生态系统类型包括森林、灌丛、草地、荒漠、高山冻原和海洋等，这也决定了我国有着丰富的生物多样性。

笔者一直从事行政及技术管理工作，业余从事摄影已有 50 年之久，尤其退休后对昆虫摄影更是情有独钟。自 2011 年以来，笔者的足迹遍及南阳的 13 个县市（区），还在南召县深山中建立了固定的昆虫摄影基地，拍摄各类昆虫照片数万张，包含昆虫种类 1 000 多种。外出旅游如去西双版纳、青藏高原、内蒙古呼伦贝尔草原、长白山、武夷山、神农架、凤凰古城、新疆天山、宁夏沙坡头、贺兰山、舟山群岛等地时，只要有机会就寻找昆虫拍摄。每一次拍摄昆虫都力求艺术与现实的结合，艺术与环境的协调，不放过任何一个可以捕捉的机会；为便于拍摄昆虫，笔者自制了三种不同规格的微距镜头，同时又买了 2：1 和 1：1 两个微距镜头，高档夜视仪及高倍显微镜等器材。每张照片都是昆虫及其生境的原真再现。

多年来，笔者游走于"昆虫王国"。经常在拍摄现场连续蹲拍两个多小时甚至更长时间，记录下了难得的昆虫蜕变过程；心有灵犀的蝴蝶、蝈蝈、蜜蜂多次主动落在笔者手上让为它们拍照；多次被马蜂蜇伤，也曾被深山毒虫叮咬，被叮咬处数年痒痛不止，这些都没能阻止笔者进山探秘昆虫的脚步。大部分昆虫体形较小，人们很容易忽视它们的存在。但它们却有着很多不为人知的奇异本领，它们的生命力极强，如瓢虫羽化时 7 天不吃不喝也能存活下来，蚁狮 9 天滴水未进仍能活动自如；它们还有自我疗伤的本能，如竹节虫前腿断掉后很快会长出新的前腿，螳螂受伤后会流出绿色的"血液"以加速伤口的愈合；它们有较强的自我保护意识，发现敌情时会迅速躲藏起来，但会目不转睛地盯着对方；也有的昆虫发现敌情后不是飞走，而是突然坠地装死以迷惑对方。然而，昆虫的生命又是十分短暂的，如螳螂仅能存活 8 个月，蜜蜂中的工蜂仅能活 3 个月，蚕蛾的寿命只有 2~8 天，蜉蝣甚至朝生暮死。昆虫的拟态更是惟妙惟肖，它们的幼虫可以拟态成毒蛇、成虫可以拟态成枯枝败叶等，以此迷惑天敌、保护自己。

小流域气候环境的变化对昆虫生存也有极大的影响。如 2013 年风调雨顺，昆虫种群的数量就大；2014—2015 年我国北方气候干燥，昆虫种群的数量则锐减；2017 年夏秋之交、2020 年降水量大，昆虫死亡率也较高。随着昆虫数量的减少，鸟儿数量也减少了，对大自然生物链造成了严重的影响。在农业快速发展的今天，人们过度施用农药不但对昆虫的生存造成了威胁，同时对人类自身也产生了不可估量的伤害。当然，对有害的昆虫如苍蝇、蚊子、蚜虫、天牛等进行有效的控制是必要的，但对人类有益的昆虫如蜜蜂、草蛉、豆娘、蜻蜓、瓢虫等，则应加以有效保护。利用现代生物技术防治害虫，现已成为当今科技工作者研究的热点，不但降低了防治成本，而且还减少了环境污染。

数码相机目前已普及到寻常百姓家。它既是记录人和昆虫亲密接触的实用工具，也是深入研究昆虫学科的重要帮手。用数码相机拍摄昆虫，不只是为了欣赏昆虫那美丽动人的身姿，还在于昆虫是大自然生物链中不可或缺的重要一环，它的兴衰对环境保护、仿生科学、军事科学、生命科学以及人类的生存和发展，都有着不可估量的科学价值。

人类生存与环境密切相关。人类文明的发展经历了采集渔猎、农耕畜牧、工业文明三个阶段，正在迈进更高层次的生态文明阶段，即以人与自然、人与人、人与社会和谐共生、良性循环、持续繁荣为基本宗旨的社会形态。我们科技工作者应当充分认清时代发展的趋势。在此也期望读者尤其是广大青少年读者，通过阅读本书，了解人类与自然和谐共处的真谛，自觉地尊重自然、顺应自然、保护自然，创造人与自然和谐相处的美好世界。

　　据有关资料报道，已发现且被命名的昆虫有100 多万种，占动物界种类的 2/3 以上，这足以说明它们是一个绝对不容忽视的群体，但是人类对昆虫的研究和重视程度还远远不够，目前仍有很多种昆虫及其生活习性不为人类所知。我相信随着对昆虫研究的不断深入，这必将给科技的发展和人类的生活带来重要的改变。

　　爱好使然，兴趣所为，为昆虫研究事业而作。限于作者知识所限，书中难免有谬误之处，敬请广大读者批评指正！

徐林瑜于 2021 年 1 月 1 日

目　录

迷人的昆虫，多情的山林

春蝉趴在刚刚吐出新芽的树藤上

　　山，迷人的情山；山，童年的企盼；山，昆虫的乐园；

　　山，《西游记》中的妖山；山，我笔下的谜山；山，永存于世的天山。

　　我尽管是城里出生、城里长大的，但却与山有着深厚的缘分。我个人到家乡南阳的深山中拍摄昆虫已有 10 个年头了，大山给我留下了极为难忘的美好回忆。

　　山，连绵不断的群山、森林覆盖的青山、溪水潺潺的深山，这是昆虫的乐园，也是人们取之不尽的谜一样的宝山。当惊蛰的第一声雷炸响在山林的上空时，春之歌已唱响：

　　　　燕飞低空柳絮新，虫卵孵化又一春；

　　　　暖阳细风掠拂面，濯净冬装竹篁苏。

　　早春的昆虫非常稀少，虫卵随着气温的升高而逐渐孵化，少部分越冬成虫也开始苏醒，如草蛉、黄蜂、豆娘、苍蝇、蜜蜂等越冬的昆虫开始出现。春蝉开始飞向树梢鸣叫，蜜蜂早已到处寻找蜜源植物采集花粉，黄蜂开始筑巢产下第一枚卵，豆娘开始寻找如意伴侣。各种昆虫都开始忙碌起来。

　　寂静的山野开始热闹起来。暖暖的阳光照向丛林，和煦的春风化开水中的薄冰，

越冬的草蛉躲在遮风避雨的枯叶上

山间的溪水唱响了春天的旋律。昆虫们开启了一年的新生活。

五月的风暖暖地轻抚着，虫儿们也跟着夏姑娘的脚步，换上了新装。

夏之韵已奏响：

鸣蝉伏枝叶繁茂，蜻蜓早立莲蓬笑；

芜菁愚弄竹节虫，豆娘抿翅乐逍遥。

在万物生长的夏季，昆虫们活跃在丛林的各个角落。它们享受着大自然的馈赠，繁衍后代，生生不息。

蜻蜓早就按捺不住夏日的诱惑，身着一身大红的盛装在炫耀自己；竹节虫也不甘示弱，本来它们只是在夜间活动，此时在白天也展现它树枝状的身躯；蝴蝶、蛾类以及它们的幼虫也

蜻蜓附着在花朵上

竹节虫带着卵沐浴在阳光中

趴在嫩枝叶上尽情地吸食着大自然的馈赠；蚁蛉、黄蜂、泥蜂、花金龟、瓢虫、螳螂、蚂蚁、虎甲虫以及许多叫不上名字的昆虫也都逐一登场。

一只竹节虫携带着红色的卵趴在叶片上，以便让它们享受那灿烂的阳光。竹节虫主要在老龄若虫和成虫期进行危害；夏天是昆虫生命中的美好时光，它们谁也不愿错过。

一只体态宽大的雌斑蝥正在花茎上释放性外激素，以等待雄斑蝥的到来。雄斑蝥收到雌斑蝥发出的信息，便迫不及待地赶来相会。它们的约会不是在银色的月光下，而是在明媚的阳光中。对农作物和蔬菜来说，斑蝥是一种害虫，往往会把寄主植物的花蕾全部吃光，但对人类来说，它又是一种重要的药材，其体内的斑蝥素有防治癌症的功效。

斑蝥正在夏日里寻找伴侣

不知不觉中，秋的气息飘然而至，昆虫也随之步入秋的丛林。

蝉在枝头放开歌喉，蟋蟀、蝈蝈也来凑热闹。它们的歌声汇成了一曲秋的大合唱。

秋之诗已绘成：

风吹黄叶秋虫稀，满目枯草尘灰衣；

深山悠悠暮色低，赏秋咏秋在心底。

秋风起，落叶黄，昆虫忙碌做新房。秋天是收获的季节，也是很多昆虫生命走向终结的时刻。

秋天转瞬即逝，为了生存下来，有的昆虫拼命地进食，补充营养以度过严酷的寒冬，有的吐丝作茧，有的则忙于寻找合适的越冬场所。

秋后的蚂蚱蹦跶不了几天，这是对它们的真实写照。不少昆虫在秋风的侵袭中走到了生命的尽头。善鸣的蟋蟀，低吟的蝈蝈，夜翔的飞蛾，翩翩飞舞的蝴蝶，步着蚱蜢的后尘，都消声匿迹了。

冬天来到，朔风劲吹着多情的山林，将那些虫蜕吹向远方。

冬之词已写就：

朔风袭原虫不见，万物萧条心茫然；

霜雪时有布满天，来年花开又重现。

黄叶落尘埃，山峰叠层见，近处看远无遮拦；百虫不见，冬漫漫，笑待明年。

大自然孕育了多情的山林、多姿的昆虫，而昆虫又用优美的舞姿，动人的乐曲为大自然增添了灵气。

蚂蚱

昆虫惊人地再现

蚂蚁正在舔食蚜虫的蜜露

　　南阳地处亚热带向温带过渡的地带，为典型的季风性湿润气候，四季分明，阳光充足、雨量充沛，生物多样性较为丰富。随着城镇化进程的加快，有些昆虫已越发罕见了。因为，它们赖以生存的栖息地正在被人类蚕食，生存空间越来越狭窄，不少昆虫已濒临灭绝。近 10 年间我拍摄的昆虫照片已达几万张，包含昆虫种类 1000 多种，并举办了昆虫摄影展，也让观众一睹它们的神秘的容颜。

　　体形微小的蚂蚁，身上的茸毛在微距镜头下根根清晰可见；仅有 3 毫米长的甲虫满身露珠，在太阳照耀下熠熠生辉，小小的眼睛发出迷人的光芒；只有 2 毫米长的棕毛飞蛾活灵活现、跃然纸上；仅有 20 毫米长的蚁蛉，它美丽的黑眼睛一直闪着明亮的光芒；果蝇复眼由很多排列有序的小眼睛组成，外形像一个圆形屋顶。微距摄影，把昆虫的细微之处完美地展示出来。

　　初夏的夜晚，冰冷的露水洒满了甲虫的全身，但只要能呼吸到大自然清新的空气和找到可口的食物，它们似乎并不在乎这些。身上茸毛清晰可见的甲虫正贪婪地咀嚼着树叶，补充自己所需的营养。随着身体的生长，身上的细小茸毛会自动退掉，露出光滑的蓝色鞘翅。

叶甲正在贪婪地咀嚼叶面

沐浴在初夏夜晚中的甲虫

一只蠢斯伫立在花苞上，眼睛机警地观察着周围的情况，随时准备飞走。

仅有黄豆粒大小的黑蜂能在化妆盒一角筑巢并产卵，如果不是无意间的发现，这实在让人难以相信。我曾见过一个5平方米的蜘蛛网结在几棵树之间，白天蜘蛛躲在暗处潜伏，到了夜晚开始大显身手。别看它比一粒芝麻籽还小，却是一个十足的"昆虫杀手"。

爬在茎秆上的广翅蜡蝉，仅有10毫米长，翅膀透明，翅脉清晰。浑身长满茸毛的蚁舟蛾幼虫爬在茎叶上贪婪地啃食着植物的嫩叶。

虽然人类是最具有智慧的动物，但也必须与自然和谐相处。昆虫是大自然的精灵，与人类的生活息息相关，观察、研究、保护和利用它们，是人类必须承担的历史责任。

蚂蚁舐食蚜虫排泄的蜜露，在我们看来不太雅观，但这也让人们清晰地看到植物、蚜虫、蚂蚁三者之间的关系：绿色植物为蚜虫提供食物，蚜虫排泄的蜜露为蚂蚁提供生活所需的养分。食物是动物生存的基础，并为动物提供了繁衍生息所需要的营养物质。

伫立在花苞上的螽斯

在化妆盒内产卵的黑蜂

广翅蜡蝉成虫

蚁舟蛾幼虫

篦子匠人——鳃金龟

黄色鳃金龟

　　草叶花瓣斑黄荒，蓝衣褐衫卧一郎；

　　隐蔽多疑藏劣迹，双触篦角巧梳妆。

　　有很多种鳃金龟，人们并未见过，但这并不奇怪，因为它们早已躲进深山老林中"修行"了。鳃金龟最大的特点是头上 1 对触角呈鳃叶状，每个触角上都有 3~8 个鳃叶，半透明，像麋鹿头上的犄角，又像人们梳头用的木梳子。触角是鳃金龟重要的感觉器官，它对感知周围环境的温度、气味，维持飞行时身体平衡，同类之间信息的交流传递都起到十分重要的作用。

　　鳃金龟的鞘翅上长满茸毛，对温度、空气变化十分敏感。鳃金龟的体色呈金属色，多为棕色、褐色、黑褐色，这与它们夜间活动的习性有密切关系。触角有黑色的、褐色的，嫩嫩的甚是好看。为了看清楚黄色鳃金龟的触角，我把它放大数倍观察。它的每个触角有 3 个排列的鳃叶片，很像麋鹿的犄角。当它行动时两只触角像雷达天线一样，不停地摆动。它的飞翔能力比较强，遇到险情会装死或者趴在原地不动，等危险过去再去别处吃嫩叶。

　　蓝色的鳃金龟，具 1 对三鳃叶的触角，蓝色的鞘翅上长满浅棕色的茸毛，六条足上长满小刺儿以便于其抓牢植物的茎叶。它爬行速度比较缓慢，爬行时两只鳃形触角不停地转动，似雷达一样探测着周围的各种信息，然后根据情况选择逃跑或继续进食。

　　黄绿色的鳃金龟体形较大，粗壮，呈长卵形，触角深棕色半透明。由于雌雄鳃金龟只在交配季节来往，孤雌生殖有时也在所难免。随着栖息地环境状况的日益严峻，它们的数量也越来越少，人们则更难以见到它们交配的场景。

　　昆虫在生命快要走到终点时都会表现出破败的情形，如有的翅膀残缺不全，有的体色变黑，有的鞘翅颜色发生变化，有的四肢朝天一动不动等。这只小青花

黄绿色的鳃金龟

蓝色的鳃金龟

鳃金龟的触角（放大）

小青花金龟

金龟无精打采，鞘翅已有破败斑点，褐色茸毛也很零乱，各足无力，失去了昔日的光彩，预示它即将走向生命的终点。

雌性短毛斑金龟鞘翅上有一对对称的白色茸毛丛。雄性体形小，鞘翅表面光滑无毛。它以花粉为食，前肢和后肢比较长，鳃形触角较短。雌性体形比雄性大，可连续交配多次，能产出更多的后代。它们可以一边交配一边进食，因为对于它们来说时间十分珍贵，一旦过了短暂的交配期，它们便再也无法完成传宗接代的任务了。

正在交配的短毛斑金龟

金色长角蛾

微小身躯触须长，花瓣粉装美娇娘；

一夜春风冬寒去，夏阳照身换新装。

昆虫界有许多漂亮的蛾子，体态优美，昼伏夜出。有一种蛾子体形小、触角长，名叫长角蛾，它的触角可达体长的 4 倍多。长角蛾仅有 5 毫米长，比普通的蛾子小得多，如不仔细观察则很难发现它。在平原地区极少见到它们的身影。我在山区发现了 4 种长角蛾，每种都很有特色。长角蛾飞起来比较慢，但是当它们遇到紧急情况时改变方向非常快。飞行时它们把触角尽量伸长，以便更多地探测周围物体的信息；两条触角不停地摆动，就像两条舞动的细丝带；一对翅膀快速地扇动，十分好看。它们以花粉、花蜜为食，但寿命比较短。

金色长角蛾呈金属光泽，头部黄色，颈下有 3 个明显的白色斑点；翅端部呈黑色，翅面具一条黄色横带；长长的触角伸向两边，具有虹吸式口器，且有细长的喙便于吸食花蜜。在空中飞行时，两根触角像京剧中的水袖灵活舞动，触角上橘红色的斑点尤为引人注目；若把触角放大，可以清晰地看到每个触角由 50 多个棍棒状小节组成，且转动自如。它们专找小型菊科植物的花儿采集花粉和吸食花蜜，

灰翅长角蛾

白长角蛾

3 对细细的足沾满花粉。将它的翅膀放大数倍后，可以清晰地看出其外缘整齐光滑，内缘像幼鸟茸毛一样粗糙。

灰翅长角蛾体形更小，鳞翅黑白相间，1 对黑色明亮的大眼睛，触角呈鞭状。其翅膀被 1 条白色横带分开，翅尾部具渐黑色的斑点，翅上端由灰白相间的斑点组成，如同身着旗袍的妙龄女郎，尽显雍容华贵。它在金黄色的花瓣中飞舞，几多情、几多意。它们也是以寄主植物的花粉、花蜜为食。

白长角蛾的触角雪白色，每根触角由 50 多节组成，为其体长的数倍，飞翔起来，只看到白色的触角在舞动；六条足蜷缩在腹部，可以减小空气阻力。它的喙能卷曲和伸展，呈棕色，专门为吸食花粉、花蜜之用。其翅膀上有鳞片，飞行速度比较缓慢。

黑袍长角蛾的触角很长，而每个触角鞭节的一半由 40 多节白色的小短节组成，另一半是由绒须组成的；触角靠近头部的部分是柄节，其上长满细细的茸毛，

黑袍长角蛾

就像长长的野鸡翎。每条足上都有发叉的尖刺，放大后就像狼牙棒一样。你看，它威风凛凛地停歇在草芽上，多像一位披着斗篷的"黑张飞"啊！

千姿百态的蛾蝶幼虫

蚁舟蛾幼虫

夜幕降临百鸟息，月光暗暗山林寂；

飞蛾展翅轻盈急，幼虫匆匆壮自己。

由于蛾蝶的种类繁多，且又是完全变态昆虫，有时很难把它们的幼虫与成虫对照起来。

大部分蚁舟蛾幼虫身上没有长长的刚毛，只有短短的细小茸毛，不仔细看，一般发现不了，那是它们感知外部信息的器官。这只蚁舟蛾幼虫身体黄色，头为椭圆形，前面有四条长足；尾巴要比头部大许多，同时又长有两条恐吓天敌的尾角，一旦有险情，它硕大的尾巴首先伸出来，乍一看很像毒蛇的信子，使来犯者望而却步。它的腹部有 4 对带吸盘的短足，用来抓紧植物的茎叶。白天它们一般在较暗的地方隐蔽起来，晚上则十分活跃，四处寻找喜欢的嫩枝叶。

尺蛾的幼虫千奇百怪，它们没有翅膀，行动迟缓，爬行较慢。体色黄白相间，细黑的条纹贯穿幼虫全身，大的黑斑有规律地排列；前部有 3 对胸足以便攀爬，后面 2 对腹足相隔甚远，以便抓牢枝叶。弓步行走的姿态，与尺蠖十分相似。

蛾类是夜晚活动的昆虫，它们的幼虫同样是白天休息，夜晚活动。这一只幼

尺蛾幼虫

虫白天盘卷成小球状，身上白色和橘红色的肉刺伸出来，向其他猎食者发出警示。一旦受到惊吓，它会马上伸长卷曲的身体，把丑陋的头从中间位置抬起，用一副不可侵犯的姿态恐吓敌人，同时它还散发出一股难闻的气味，使一些猎食者避而远之。

这是又一种蝶类的幼虫，黑色带褐斑。它和蚁舟蛾幼虫相比，颜色不同，肥瘦差别大，但形状几乎一样。它的头也呈椭圆形，锃明发亮；前面有 4 条细长的胸足，以便攀爬，进而带动全身运动，后面有 4 条短足，可以抓紧植物的茎叶；尾部有两条尾角，极像毒蛇吐出的信子。

蝴蝶和蛾类的幼虫都以植物的叶茎为生，给植物造成了很大的破坏，是名副其实的害虫，但它们也是其他动物的美食，若没有这些昆虫的大量存在，其他动物的生存也将受到威胁。

捕食害虫

鳞翅目幼虫

　　这只黑色百舌鸟喙中衔着的毛毛虫即为鳞翅目昆虫的幼虫，它每天要捉 300 多只害虫来喂养自己的幼鸟。

　　天空飞翔的鸟类很多都是依靠昆虫为生的，如乌鸦、喜鹊、八哥、麻雀、黄鹂等，因此，昆虫是自然生物系统中极为重要的一个环节。这些年燕子数量锐减，则很可能是南方多雨造成了昆虫减少，进而威胁到燕子的生存繁衍。

在宣示自己领地的蜻蜓

辨识雌雄蜻蜓

智商情场样样通，善飞冲动个个精；

河边池塘充硬汉，蜻蜓豆娘都干练。

  同类的昆虫长相几乎一样，在单独飞行时极难辨认它们的雌雄，很多只有在交配时才能将它们鉴别出来。这需要长期细心地观察，才能将其辨识清楚。那么，如何辨识雌雄蜻蜓呢？经过多年的拍照和观察，我发现蜻蜓的生殖器官非常特殊，雄蜻蜓腹部末端有一对非常灵活的抱握器，在第2腹节的腹面有一个发达的副外生殖器，而雌蜻蜓腹部末端为一生殖孔。因此，通过观察蜻蜓的尾部即可辨别雌雄。

  在众多的昆虫中，蜻蜓的交配方式尤为独特。雄蜻蜓用腹部末端的抱握器抓紧雌蜻蜓的头或胸部；雌蜻蜓腹部末端由下向前弯，把生殖孔连接到雄蜻蜓腹部第2节下面的副外生殖器内，形成一个"心"形。通常雌蜻蜓一次受精，一生就不用再交配了。因此，蜻蜓交配后，雄蜻蜓则成为"小心眼郎"，一直带着雌蜻蜓在水面上产卵，直至产完；或者雄蜻蜓监视着雌蜻蜓在自己划定的领域内产卵，不允许雌蜻蜓离开半步，直至雌蜻蜓把卵产完方才放行，从而保证雌蜻蜓产的卵是自己的后代。

雌性金环蜻蜓

雄性金环蜻蜓

当交配季节来临时，雌蜻蜓和雄蜻蜓聚到河边或池塘边寻找如意的伴侣。它们的交配十分狂野，雄蜻蜓一旦发现称意的雌蜻蜓，便会趁其不备，冲上去用它尾部的一对抱握器精准地掐住雌蜻蜓的脖颈，带着雌蜻蜓一边飞一边交配，直至交配完成。

人们经常见到蜻蜓在有水的地方翩翩飞舞，有时它落在植物的叶或茎上，把尾巴翘得很高。一旦受到惊动，它会立即飞走，但未过多久又飞回刚才停留的那根枝条上，三番五次地。因为它已将其作为自己的领地，不愿轻易抛弃。为什么蜻蜓喜欢翘尾巴呢？这不仅是在宣布此处是它的领地，同时也在向雌蜻蜓炫耀自己强健的体魄，从而吸引雌性前来交配。昆虫也是很有智慧的，千万不要低估它们。

豆娘的交配方式与蜻蜓一样。雄用尾部的抱握器牢牢钳着雌豆娘

蜻蜓交配

豆娘交配

的脖子，而雌豆娘的尾部紧紧抓住雄豆娘腹部与胸部交汇处的副外生殖器。这种
交配方式也是它们长期生存进化的结果。

有 一种昆虫叫蚁蛉

在繁盛的昆虫大家族中存在着一类奇特的昆虫——蚁蛉。它是完全变态的昆虫，幼虫生活在沙滩里，以蚂蚁为食，称为蚁狮。特别有趣的是，它的幼虫屁股向后倒着行走，因此又被称为"倒退虫"。

蚁蛉

蚁狮的生命力极其顽强，通常不吃不喝也可以活一年。每年5月初蚁狮开始化为蛹，7月下旬至8月上旬为蚁蛉羽化的盛期，在交配后雌蚁蛉准备产卵，而雄蚁蛉生命即将到达终点。

蚁蛉头部较小，有两只乌黑发亮、间隔较宽的大眼睛，两条较短的棒状触角，头顶黑色，一对褐色的大颚，六条细长的腿，两对翅膀透明并密布网状翅脉，比身体稍长，飞动起来，发出"呼呼"的响声。飞行速度很快，飞行时它们会突然改变方向，让对手难以捉摸。

每年7月由蛹羽化为成虫，这个过程需经过20多天。其内脏和外皮在蜕变的过程中则

正在羽化的蚁蛉

发生了天翻地覆的变化，它的外皮有的羽化为翅膀，有的羽化为六条足。非常有趣且不可思议的是，成虫的头和身体是由幼虫的内脏羽化而成的。成虫与幼虫外形相差甚大，甚至看不出幼虫与成虫有什么必然联系。

蚁狮在沙滩上换窝。它的臀部一直向后滑动，能把沙滩划出一道道浅沟来。蚁狮会用臀部推出一个漏斗形的沙窝，自己躲在沙窝底部，身体藏在沙土里，仅露出两只带刺的大颚以捕获蚂蚁等小动物。

每只大颚内都有 3 根粗刺和 11 根细刺交叉排列；大颚的尖端弧形，十分锋利且内有吸管，就像针头一样。虽然蚁狮非常小，人们仅用一个小拇指就能把它碾得粉身碎骨，然而它却是个捕猎高手，是蚂蚁、苍蝇等的"克星"。自然界各种生物之间通过捕食关系形成了联系，并通过这种联系保证了物种繁衍。

蚁狮虽然长像有些丑，但具有很高的药用价值，能治疗胆结石、肾结石、脉管炎、骨髓炎、疟疾、中耳炎等。《本草纲目》中也收录该虫，称之为"沙挼子"。我们更应该保护好蚁狮的生活环境，进行合理利用，避免过度采集。

蚁狮

被显微镜放大数倍的蚁狮大颚

沙滩 里的"逆行者"

在沙滩中行走的蚁狮

蚁狮生活在靠近河流或者离水源较近的沙滩，干旱的大沙漠里则不会有它们的身影。它们以吃蚂蚁或苍蝇等小昆虫为生。它们潜伏在自己堆出的小沙窝底部，静待蚂蚁等昆虫送上门来。更为有趣的是，它只能倒着走，而不会向前爬行。在遇到障碍物时，它们仍然倔强地往后退，实在退不动了就横着扭动屁股，但决不向前走。

蚁狮前四条足靠近头部，其身体离头部又有一定距离。它的头部较小，一对发达的复眼向两侧突出。有一对向内弯曲似钳子一样的大颚，可以钳住蚂蚁，为双刺吸式口器，并通过颚管把消化液注入蚂蚁体内，然后把已经化成液体的食物再吸入体内。

从背面看，蚁狮好像只有四条足，但将它翻过去，另外两条足就显露出来了。后面两条足非常奇特，它们长在腹部中间，呈对称的双 S 形，这是它为什么只能向后退的原因。而其他昆虫的六条足均衡地长在胸部的两侧，行走时可前进

仰面朝天的倒臀

也可后退，运动自如，不受限制。生物进化的结果，让蚁狮成了名副其实的逆行者。

昆虫的变态发育可以使其在生活史的不同阶段完成不同的任务，如幼虫（或若虫期）主要完成营养积累，成虫期主要完成繁殖的任务，而蛹可以让其度过不利的时期，这也是其充分适应生存的需要。

倒臀是一种非常奇特的完全变态昆虫，从幼虫到成虫都是在沙中化蛹、羽化。它在自己吐出的黏丝织成的沙质茧内经 20 多天才能羽化成虫。

隐藏两条后腿的蚁狮

蚁蛉

为了详细了解蚁狮这一特殊的昆虫，我对它进行了两年的跟踪观察。

蚁狮在沙滩上筑巢，当它觉得巢穴的位置不理想时，则会从原沙窝出来并用屁股在沙面上犁出一道浅浅的沟，再选出它认为合适的地方停

蚁狮在沙滩筑巢

下来重新筑巢。这也是沙地上为什么会留下一道道浅沟的原因。

蚁狮们的窝挨得比较近，但互不侵犯。而蚂蚁、蜜蜂则不同，如果不是同窝，为了食物也会拼个你死我活。下图中为两只不同窝的蚂蚁为了领地

不同窝的蚂蚁正在争斗

和食物正在大打出手，其中一只蚂蚁死死地咬着另一只比它稍大的蚂蚁不松口，看来不分出个输赢决不罢休，这很像在角斗的日本相扑运动员。鲜为人知的是，蚂蚁的生命力也是极强

沙窝中的蚁狮

的，即使蚂蚁失去了腹部末端但只要头和六条足还在，它仍然能够存活 2 天，而且行动自如。

蚂蚁是蚁狮的主要食物来源，由于蚁狮只有 1 对坚硬的大颚，大颚的前端呈弧形且十分锋利。蚁狮视力不好，看不清物体，全靠体外的茸毛感知周围环境的变化。

蚁狮的大颚在其生活中起着重要作用，它如同猛兽的利齿。在筑沙窝时，它是掘土的工具，能把细沙弹向空中，让沙粒向周围散开，使沙窝呈现底部为漏斗状的小口。当蚂蚁误入漏斗形沙窝想向上爬时，蚁狮一对张开的大颚就像两根绷簧，弹动沙粒，使沙粒迅速向下滑落，蚂蚁也不由自主地随之下落，正好落到蚁狮伸出的大颚上，一对带刺的大颚便

倒臀用大颚捕捉蚂蚁

牢牢地夹着蚂蚁，随之它将消化液注入蚂蚁体内。片刻之后，蚂蚁内脏在消化液的作用下溶化为液体，被蚁狮吸进体内。很快，蚂蚁就变为一个空壳被蚁狮弹到沙窝外面，沙窝恢复如初。

　　蚁狮的两只大颚也能感知外界的光和声音。当烈日暴晒时它们向下缩，避开高温。在黑暗中当有光照射大颚时，它会立即缩进沙窝。同时，身体一直埋在沙窝里，静等光照消失后，再露出两只大颚，等待猎物的到来。

蚂蚁惊恐地看着被捉住的同伴

蚁狮成长记

蚁狮是沙滩里的小精灵，它们喜欢灿烂的阳光和金色的沙滩，依靠吃蚂蚁和其他小昆虫度日。

蚁狮的外观

蚁狮的生活史分为卵、幼虫、蛹、成虫 4 个时期，属于完全变态的脉翅目昆虫。当幼虫长到性成熟后，会在沙窝里用细沙和吐出的丝把自己包裹起来，使圆形的沙粒黏成球状，形成沙质茧。蚁狮是蚁蛉的幼虫，它在沙地里能生活很长时间，而成虫蚁蛉的寿命则相对短得多。和蜉蝣、桑蚕、蝉一样，成虫蚁蛉交配后很快到达生命的终点。沙质茧经 20 多天，成虫蚁蛉会咬破茧壳从沙球中钻出来。头部黑色，脉翅透明，非常像草蛉。草蛉的两只复眼像两颗红宝石，而蚁蛉的两只复眼如同两颗墨宝石镶嵌在头部的两侧。

蚁狮化蛹时，暴露在沙质茧外的要比在沙质茧内的成活率低。

在沙质茧里蚁狮的外皮逐渐变成蚁蛉的翅膀、腹部和六条足，最后蜕掉外皮。它的头部变成蚁蛉的眼睛、触角、喙和内脏。演变过程十分奇特，蜕变后体形与幼虫大相径庭。

下图是蚁狮蜕变为

蚁狮作成的球状沙质茧

蚁蛉的三个过程。上面的是沙质茧，中间的是刚刚从沙球中羽化的蚁蛉，下面的是一个正在由嫩色变为深棕色的蚁蛉。

蚁蛉的蛹经 21 天后羽化为成虫。蚁蛉来到自然界几乎不吃不喝，主要任务就是寻找异性交配，完成传宗接代的使命。

每年 7 月中旬蚁狮化为蛹，并形成沙质茧，雌性腹部短而粗，雄性腹部细长。它们通过不断扇动翅膀或释放性外激素来吸引异性。

蚁蛉由幼虫蜕变为成虫是一个十分奇特的过程。有的蚁狮在沙窝内吐出黏液把周围的细沙揉成圆球形沙质茧将自己包裹起来，20 多天后它会咬破沙质茧羽化成具有 1 对黑眼睛、4 条脉翅的成虫；有的则直接在沙窝内蜕变为蛹，而不是在沙质茧内蜕变。由于蚁蛉羽化的时间不一致，雌雄交配后便难以相遇了，所以交配的成功率较低。每年到了 7 月下旬，蚁蛉产卵后也将

1. 刚开始羽化的蚁蛉裸蛹
2. 正在羽化为蚁蛉（半成熟）
3. 蚁蛉羽化的三个阶段

沙

刚开始羽化的
（未成

完全羽化的蚁蛉

走到生命的终点，很难见到它们的踪影了。等到来年三四月份在沙滩上才能见到它们比较集中的沙窝。

准备展翅的蚁蛉

蚁蛉的头部

准备作茧的蚁狮

黑仔奇遇记

蚂蚁缘槐夸大国，个小鬼大惹事多；

处处捣乱为谋生，忘乎所以命难躲。

蚂蚁在生活中十分常见，是个十分有趣的杂食动物。可是，真正了解它们生活习性的人并不多。

蚂蚁虽然过着群体的生活，却喜欢独自外出寻找食物，有时它们会走很远的路程。它们之间的分工精细，有条不紊。工蚁专门负责食物的供给，同时还要养育幼蚁和伺候蚁王。工蚁都是雌性蚂蚁，为了这个群体的生计而日夜操劳。它们到处寻找可吃的食物，能运回去的尽量运回去，即使有的食物比自身重几百倍，也毫不畏惧，自己搬不动时就招呼同伴来完成任务。有一只小蚂蚁，我姑且称它为黑仔。我们跟着它一起去看它的奇遇吧！

早上，黑仔揉了揉刚睡醒的眼睛，走出了蚁穴，独自寻找吃的。它爬到一棵小树上时，发现有只叶蝉正在吸食大树流出的汁液。黑仔刚要撵走这只叶蝉，这时它发现两只棕色蚂蚁已早它一步来到叶蝉身边。黑仔不敢靠近，只能在远处观望。这两只棕色蚂蚁，好像是商量好似的，前后夹击正在吸食大树汁液的叶蝉，但叶蝉也不甘示弱，使尽了各种招数保护自己的食物，如用附肢拍打，用后腿狠蹬等，但这都没有用，叶蝉最终无奈地放弃美味飞走了。黑仔见此情景，流着口水知趣地离开了。

黑仔于是爬到一条嫩枝上寻找食物。这次运气还不错，发现了一只正在

棕蚁要撵走正在吸食树汁液的叶蝉

蜕皮的小蝈蝈。昆虫蜕皮时是其身体最虚弱且最没有抵抗力的时候，通常这个时候它们要找最隐蔽的角落躲起来以免遭受外敌的伤害，不知什么原因这只蝈蝈幼虫出现在此处。黑仔可不会放过这么好的机会，于是向蝈蝈体内注入蚁酸，并毫不留情地将其啃食。小蝈蝈眼睁睁地看着蚂蚁吞食自己娇嫩的身体却毫无还手之力。不一会儿，黑仔便已"酒足饭饱"，它还得赶回去招呼同伴们共同品尝这难得的美味。

黑仔从嫩枝上下来，又看见一只棕色蚂蚁正与一只瓢虫在争夺蚜虫。只见棕色蚂蚁凶狠地咬住瓢虫外面的硬壳，而瓢虫根本不把放肆的蚂蚁放在眼里，仍然在不停地吞食着蚜虫，唯恐漏掉一只。原来瓢虫是蚜虫的天敌，以蚜虫为生；而蚂蚁喜欢舔食蚜虫排出的蜜露，这样

蚂蚁黑仔在一条嫩枝上寻找食物

它们就成了一对冤家。黑仔看此情景，感觉没有希望再享受蚜虫排泄的蜜露了，便继续往家赶。

这时它看见一只身披枯叶的蓑蛾正在受棕色蚂蚁的欺负。伪装的蓑蛾只顾自己吃嫩枝叶，并不理会这几只捣乱的蚂蚁。这种身披"蓑衣"的虫子是一种蓑蛾的幼虫，为了不被天敌伤害，它们用自己吐出的丝把一些细木棍、枯树叶黏在一起，裹在自己的身上，很像一堆乱树叶，以迷惑敌人。它走到哪里就把"蓑衣"带到哪里。黑仔见无机可乘，便知趣地离开了蓑蛾，继续赶路。

在一片树叶上，黑仔发现一只黑色甲虫，调皮的黑仔悄悄地来到黑色甲虫的身后突然发起了攻击，咬住了这只甲虫的后腿，并试图阻止它前行。不管这只甲虫如何踢拽，黑仔就是咬住不松口。这只黑色甲虫很无奈，只好拖着黑仔向前挪动，从一片树叶移到另一片树叶，黑仔正在得意之时，突然这只甲虫加速跳向另一片树叶，把黑仔甩了出去。

这时，黑仔发现一群棕色蚂蚁正在拖着一只蠕虫往前赶。黑仔见状，感觉有机可乘，就凑上去想分享这顿大餐。但刚走近，就被棕色

一只棕色蚂蚁在阻止一只瓢虫捕食蚜虫

正在啃食树叶的黑色甲虫

蚂蚁给轰了出来。黑仔见事情不妙赶紧溜走了。

黑仔路过一片沙滩，肚子也有点儿饿了。眼前出现一座别致的沙窝，它想看看那里是否有吃的东西来填饱肚子。走近一看，可把黑仔吓得不轻，同窝的蚂蚁兄弟已成了蚁狮的美餐。目睹这恐怖的场面，黑仔只想多长两条腿，赶快离开是非之地。

黑仔不敢走沙地了，便改走草丛，但是冤家路窄，不曾想被蜘蛛网黏住，成了蜘蛛的美餐。在表面看似平静的大自然中，处处隐藏着未知的危险，生活在其中的小动物们也需要时时小心、处处谨慎才能生存下来！

被蚁狮捕食的蚂蚁

蚂蚁吃灰蝶幼虫的蜜露

黑仔命丧蜘蛛网

探秘地蜂

地蜂通常生活在深山中，它的巢穴一般建造在地下，在地下组成蜂群，在地下酿蜜。它的种群数量较少，由于是在地下筑巢，大小受到一定的限制。

地蜂往往将巢穴选在自然形成的地穴，经过适当加工后，将其作为自己的家园，有时地蜂在枯树洞里建穴。由于蜂巢位置十分隐蔽，有时又有杂草覆盖很难被发现。山区的村民在山中采蘑菇、打山菜、采药或行走时，若一不留心踩上地蜂巢穴，将会受到它们疯狂的攻击。因此，地蜂蜇人的事时常发生。每群地蜂多的有上千只，少的仅有几百只。平时在蜂巢外有数只巡逻蜂或来回飞舞，或落在附近的草丛上，十分警惕地观察着周围的情况。地蜂酿的蜜是淡绿

洞口朝上的地蜂巢穴

色的，甜度很高。一般意大利蜂及中华蜜蜂产的蜜是深棕色的，甜度没有地蜂蜜高。

在深山中，我发现过5种地蜂的巢穴。地蜂有一套神奇的筑巢方法。一般是蜂王在熬过严冬后，独自在第二年的初春时节艰辛地寻找一处地下洞穴筑巢，这个巢穴很可能是其他蜂留下的。有趣的是，蜂王能根据地下蜂巢的大小来控制卵的数量，并根据工蜂死亡的只数、蜂蜜储量来控制卵的性别比例。

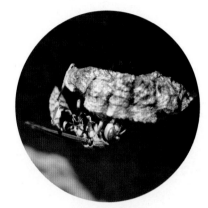

趴在岩上的地蜂

有些地蜂蜂巢虽然被废弃了，但被发现时仍能从中找出一些残留的地蜂。地蜂的蜂巢比马蜂的地下蜂巢要小得多。地蜂为半冬眠动物，地蜂的蜂巢只要不被破坏，大部分都可以度过严冬，这与它们储存了大量的食物——蜂蜜有关。它们靠吃蜂蜜产热以维持蜂团的温度。而一些马蜂则过不了严冬，这是因为马蜂属于冬眠的昆虫，越冬之前除新蜂王外其他的马蜂会陆续死亡，蜂王则单独或抱团在避风的树洞、地缝、干草丛里蛰伏起来，等到来年春暖花开再修筑蜂巢并培育下一代马蜂。

地蜂巢入口处

水边的精灵——豆娘

正在啃食猎物的俏豆娘

立夏时节，骄阳照耀下的白河水波光粼粼，不时泛出层层涟漪，好像一位脉脉含情的少女，真是美不胜收。岸边的嫩草郁郁葱葱，更增添了迷人的景致。

一

缓缓流淌的碧水，青翠欲滴的小草，拂面的清风，让人心旷神怡。我拿起数码相机，开始寻找那鲜为人知的昆虫。这时，一幅精美鲜活的场景出现在取景器中。一只绿体红尾的昆虫静静地落在随风摇曳的草叶上；两只硕大的复眼来回转动，不时地探测着周围的动静；一对透明的翅膀紧贴在细细的长尾上，正享受着美味的猎物。经仔细辨认后，我才发现那不是蜻蜓。它的腹部明显细小，只有火柴棒般粗细。两眼之间相距甚远，头部如哑铃状，并有茸毛和凸出的肉瘤相隔，双翅合拢，直立于背上，原来是"水边精灵"——豆娘。它经常活跃在河边、湖泊、池塘、沼泽以及草丛中，用无声的行为装点着自然，用动情的舞姿阐释着生活的甜美。它们的出现也预示着此处河水水质优良；而被污染的河水，它们是不会光顾的，唯恐玷污了自己圣洁的身体。细小的身躯并不影响它们对洁净空气的厚谊，对潺潺潺流水的向往，那是它们的家园，是它们栖息的港湾。

豆娘优美的身体，翩翩的舞姿，勇于捕捉蚊蝇的担当，使我忘情地追逐它，并用相机拍下它们活动的精彩瞬间，也让更多渴望走近大自然的人一睹它的风采。

风儿掠过草地，拂过嫩芽，吹动豆娘头顶上细细的茸毛，好像风儿对豆娘也有特殊的感情似的。听，周围一片寂静，只有风儿在唱歌。这时，一只白鹭无声地掠过河面，生怕惊动了豆娘恬静的生活。

休息时的豆娘

豆娘体形虽小，却是肉食性昆虫，擅长捕食飞行中的蚊子、绿头苍蝇、细小的蠓虫等，是一种益虫。它飞行姿态缓慢优雅，即使是 18 世纪大不列颠王国大腹便便的绅士也没有它这样悠然自得，就连身穿褶皱裙、浓妆艳抹的法兰西女郎也会被它优雅的气质所折服。

豆娘捕食蚊虫有自己的诀窍。在捕食时，它总是瞬间改变缓慢的假象，以极快的速度接近猎物，用两只前足精准地抓牢猎物，同时咬住猎物的头部，使猎物顿时丧失抵抗力。通常豆娘纤细的身躯掩盖了它食肉的本性。有时，它会悄悄靠近毫无戒备的小猎物，突然向其发起猛攻，在小猎物还没有回过神时，已被豆娘捉到手。接下来，它慢慢地品尝着自己的战利品，又恢复了悠然自得的神态，若无其事地咀嚼

准备捕食猎物的豆娘

着，不时流露出摄取营养的快意。

二

豆娘体形较小，它不像蜻蜓那样为了引人注意，总爱在人们面前飞上飞下，炫耀它们硕大无比的眼睛和高超的飞行技巧。豆娘则不然，它们悠然自得地飞行着，不时变换方向，以无所事事的样子来迷惑飞行的小虫，一旦时机成熟它们会毫不留情地发起进攻，打对手一个措手不及。豆娘在空中飞行时六条腿伸出在体外，而蜻蜓飞翔时为了减少空气阻力会把六条腿缩在胸前，就像飞机飞行时把轮子收进机舱内一样。

晴朗的夏日是豆娘交配的最佳时间。它们在草丛中飞舞，相互追逐，有时一前一后，有时成对地上下翻飞。仅从外形，有时很难分辨出它们的雌雄。但在它们交尾的时候，瞬间便可鉴别出来。雄性天生具有进攻的本能，雄豆娘若发现中意的雌豆娘，会突然用它的尾部准确而牢固地钳住雌豆娘的脖颈，上下"串联"

瞪大眼睛，窥视猎物

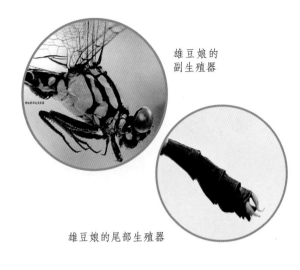

雄豆娘的
副生殖器

雄豆娘的尾部生殖器

在一起在草丛和溪水上飞舞。

豆娘不像其他昆虫雌雄尾部连接成一条直线或者上下叠压在一起交尾，而是雌豆娘的尾端在雄虫的爱抚下会主动弯曲伸向雄豆娘第二腹节上的副外生殖器，雄豆娘趁机将精子注入雌豆娘体内完成交尾。这也是蜻蜓目昆虫特有的交配方式。

我曾亲眼看见雌豆娘一边津津有味地吃着刚与之交尾过的雄豆娘的躯体，一边又和新欢卿卿我我，真是让人不可思议。

雌雄豆娘正在
花序上交尾

豆娘在草茎上交配

　　交尾后的雌豆娘会把自己的尾巴伸进附近的池塘或河水中，然后，若无其事地离开。

　　夏日的阳光很快把河水晒热，适宜的水温使豆娘产下的卵很快孵化出幼虫——水虿，它们经常活跃在水草沙石之间，自出生就像豺狼一样吞食比它小的虫子及一些浮游生物。古人早就把"虿"作为蝎子一样的毒虫来命名，可见豆娘幼虫的凶狠。

豆娘有趣的水中产卵

豆娘池塘相会

蜻蜓点水为产卵，夏秋两季忙不闲；

豆娘翩翩互携助，只羡鸳鸯不羡仙。

每年的 6 ~ 8 月，在湖畔、池沼、山间溪流等处常可见成双结对、舞姿轻盈的豆娘。

雄性豆娘的体色较为鲜艳，这也更有利于吸引雌性豆娘的注意。雄性豆娘一旦找到合适的侣伴，便会用尾部的夹子钳住雌豆娘的脖颈，带它飞到一个隐蔽的地方。

有一年夏天，我有幸拍摄到两只豆娘在荷塘交尾的精彩瞬间。我一边跟

豆娘交尾

雌雄豆娘落在草茎上

踪拍摄，一边小心脚下的池塘，以免掉进去。只见在茎杆上雄豆娘腹部末端挟住雌豆娘的脖颈部，而雌豆娘的腹部末端连接到雄豆娘第二生殖节下面，形成一个完美的心形。

当豆娘交尾结束后，心形环打开，雄豆娘继续带着雌豆娘在池塘水面产卵。它与蜻蜓一样，可以点水产卵。但有的豆娘将卵产在植物的茎叶当中，以免被水中的浮游动物吃掉。

有时雌豆娘想摆脱雄豆娘的控制，会故意

雌豆娘故意在荷叶上产卵

把尾部放在荷叶面上产卵。此时，雄豆娘会立即带雌豆娘飞到荷叶边沿，雌豆娘只得把尾部伸进荷叶下面的池水中产卵。

雌豆娘在雄豆娘的强迫下只得顺从

豆娘，正是这一水边轻盈的舞者，给平静的荷塘增添了勃勃生机，使大自然变得更加绚丽多彩。

雄豆娘用尾部牢牢钳住雌豆娘的颈部

豆娘的自相残杀

豆娘正在吞食同类

明争暗斗为生存，哪怕同类血淋漓；

豆娘本是同根生，堪似曹丕争魏帝。

　　豆娘同类相食是自然环境中极难一见的情形，我很幸运将这一场景详细地拍摄了下来。它们像螳螂、蜘蛛一样在饥饿难忍时同类相食。我也曾用照相机拍摄下螳螂吃掉同类的全过程，其场面也令人震撼。自然界中弱肉强食的事情经常在上演，但有时弱者也不会坐以待毙，会趁强者放松戒备，突然向强者发起进攻，此时强者反而成了弱者的美餐。

　　通常都是体形大的豆娘吃掉体形较小的豆娘。如果豆娘体形大小几乎一样，鹿死谁手就不一定了。狭路相逢，勇者胜。谁更饥饿，谁进攻的欲望就更强些，获胜的机会也多些。夏日我拍摄的是雄豆娘正在津津有味地吃着雌豆娘的场景。只见雄豆娘的两只前足紧紧抓住雌豆娘的前身，它先把雌豆娘的脑袋吃掉，使雌豆娘完全丧失抵抗力，然后再吞食它细嫩的腹部。不一会儿工夫，雌豆娘长长的腹部便只剩下很短的一节了，最终只剩下一对翅膀。

　　豆娘被同类吞食，这是豆娘群体的自我调节，尤其在食物短缺时，这种情况时有发生。

很可能是豆娘与我有什么缘分吧，我曾用数码相机拍下 7 种不同颜色、不同形态的豆娘。在白河上游第一橡胶坝西河岸的湿地，池塘中的荷叶青翠欲滴，层层荷叶中间点缀着或粉红色或雪白色的花，孩子们追逐着翩

雄豆娘开始吃雌豆娘的长尾巴

翩飞舞的蜻蜓，柳树、杨树上不时传来夏蝉的鸣叫。翠绿的草坪上长满了莎草，偶尔有几朵太阳花点缀其中，不远处还有几丛翠竹和成片茂密的灌木映入眼帘；月季花更是争奇斗艳，装点着夏日的白河堤岸；还有麻秆花上的蝴蝶，有黑的、有白的，不时地追逐嬉戏。

我用微距摄影把落在水草叶上的豆娘放得更大一些，一只非同寻常的豆娘出

雌豆娘的尾部即将被雄豆娘吞食殆尽

现在相机里。这种豆娘我第一次见到，它的长相很奇特，两只复眼就像浮在它头上的两只大气球，好像随时准备飞向空中。它的两条前腿负责抓捕猎物，后四条腿支撑起整个身体。后四条腿从侧面看像一枚枚橄榄果，又酷似四片树叶贴在身体的外面。四条划桨腿与复眼配合得是十分协调。这种豆娘数量很少，可能是它们对周围环境及水质要求很苛刻的缘故吧！在两个相距很近的池塘，水质清澈、水草鲜嫩的，它们就流连忘返、不愿离去；水质欠佳的，它们则唯恐避之不及。

所有的豆娘均居无定所，是个十足的独行侠，只有在交配时才聚在一起。山区的阔翅豆娘与平原地区的豆娘形态不太一样，它们的两只翅膀要更宽大一些，体形也更加魁梧。阔翅豆娘的交配都是在河边或溪水边。

蓝色的阔翅豆娘最喜欢在溪水旁结伴嬉戏。它们蓝色的翅膀高高竖起，像是两面大旗，长长的蓝色尾巴像翘起来的旗杆；头和两只复眼呈蔚蓝色，像两颗蓝莹莹、亮晶晶的宝石。四条纤细的腿支撑着身体，十分自信；胸部是绿色的，整体色彩搭配非常协调。

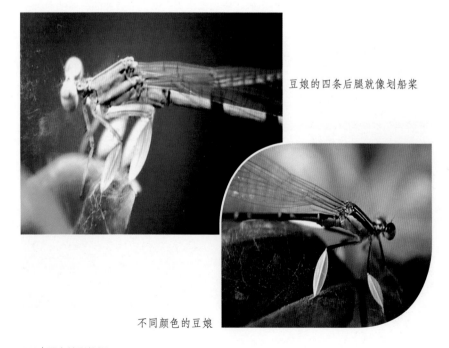

豆娘的四条后腿就像划船桨

不同颜色的豆娘

还有一种深山才有的黑顶透翅豆娘，它平时喜欢在河流或溪水旁的小路上嬉戏。它的眼睛黑亮，蓝色的上唇和复眼内侧两条粗粗的蓝色花纹把它装饰得格外美丽。这种豆娘非常活跃、不怕人，有时会落在离人很近的路上或

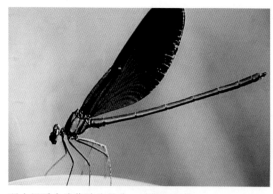

深山区溪水边停歇的另外一种阔翅豆娘

路旁石头上，好像是故意让人们观赏它。人一旦靠近，它就会立刻飞走，让想捕捉它的人失望而归。

二 蜂求凰

　　天候二十四节气，立秋节气居中间；

　　　　万物皆为时光赶，时虫岂敢独偷闲。

　　立秋过后，我又来到南召县西北的大山里拍摄昆虫。

　　俗话说"过了七月节，夜寒白天热"，中午炙热的阳光照射在山坡上，显得格外烤人，崎岖的下山小道，像滑滑梯一样光溜，两旁都是半人高的蒿草。我小心翼翼地走着，因为在这条小路上我已经滑倒过两次，至今心有余悸。

　　突然，我发现前面有一团小东西自左向右快速滚过。我下意识地蹲了下来，来不及看是什么东西，只管用数码相机对着拍照。这时，只见一个黑色的小东西被甩了出来，我定睛一看，原来是一只蜾蠃，但翻滚的物体并未停止，而是继续滚动。

　　这愈发引起了我的好奇心，于是我拿着数码相机不停地追着拍照，直到它们滚下山坡，再也看不到为止。幸运的是，数码相机里留下了它们的身影。待我打开数码相机观看时，之前从未见过且十分难得的场景呈现在我的眼前：三只蜾蠃叠压在一起，上面两只雄蜾蠃在争夺与下面雌蜾蠃的交配权。

三只蜾蠃叠压在一起

　　为了争夺与雌性的交配权，昆虫真是可以豁出命来的。只见最上面一只雄蜾蠃的尾巴不时地伸向雌蜾蠃的尾部要求交配，中间的雄蜾蠃也要与雌蜾蠃交配，它们互不相让，抱在一起剧烈地翻滚着，最终

在争夺交配权的
螺蠃

上面的两只是雄性螺蠃

最上面的螺蠃被甩了出来，无奈地成了失败者。剩下一对螺蠃仍抱在一起，滚下了山坡。

这些画面并不是经常能看到的。尽管它们的争斗非常激烈、十分狂野，但是为了繁衍后代，它们也别无选择。

狡猾的蛾子

趴在树叶背面的毒蛾

　　蛾子，通常都在夜间活动。如果不近距离观察它们，是不可能了解它们的生活习性的，也不可能知道其中的一些具体细节。

　　夏天的夜晚，山林中充满了奥秘。月光像水银一样洒在幽深的山冈上，凉爽的风徐徐袭来，只听见树叶发出沙沙的声音，周围静得有些可怕。我按捺不住兴奋，借助手电筒的灯光独自来到丛林里拍摄夜蛾。

　　灯光吸引来了很多夜蛾。只见一只又一只，有大的也有小的，争先恐后地用翅膀拍打着灯罩。它们有的落在树干上抖动着翅膀，有的落在我的胳膊上，忘情地沐浴着灯光。它们白天一般不出来，可能是太阳光线太强照得它们睁不开眼的缘故吧！其实，蛾子依靠月光来判定飞行的方向。此时，它们把灯光误认为是月光，所以围着灯光转了起来。

　　我用装有环形灯的微距照相机对准飞来的蛾群，按动快门拍下了它们的舞姿。许多蛾子，是我从来没有见到过的，绿色、粉色、灰色、褐色，五彩斑斓。有的像一片干枯的树叶，有的酷似一团黑色绒球，真是形态各异、精彩纷呈。

　　我忘情地给蛾子拍照，早已忘记自己独处大山深处，以及黑夜的恐怖和可能的危险。

拍了一个多钟头后，我发现了两只酷似冬季干瘪枯叶模样的褐色蛾子，趁其不备，将它们捉住并放进了事先准备好的空纸盒里。

我满心欢喜地回到暂时居住的林场住地时，我的好友——护林

趴在树叶上的卷蛾

员老宋还没有睡觉，正在听收音机。我兴奋地拿出装有两只枯叶蛾的纸盒，老宋也想一睹为快。然而，待我小心翼翼地打开盒子时，哪里还有蛾子的踪影，真是空欢喜一场。我检查了整个纸盒，似乎并没有蛾子逃跑的条件。等再仔细一察看，在纸盒的一个边沿有蛾子逃跑时留下的翅鳞。仅有一张纸那么窄的缝隙，

酷似干瘪枯树叶的核桃美舟蛾

趴在树叶上的卷叶蛾

笋纹蛾

蛾子都能钻出去，看来是我太低估它们的逃生技能了，也只能无奈地望盒兴叹了。幸好我还留有它们的照片，才不至于太过失望。可见，自然界的生物为了生存，它们的适应能力是多么强大！

　　这些年，我在深山中拍到的蛾子就有百余种。虽然幼虫时期它们危害植物的生长，而成虫时期却能为植物传播花粉，也可谓将功补过了。

在洞口窥测的虎头蜂

昼夜艰辛酿甜蜜，百花授粉硕果累；

谁说蜂类无益处，传播花粉领风骚。

在生活中蜂类随处可见，它们种类的数量仅次于甲虫。

黄蜂为中型蜂，体形比蜜蜂大，性情凶狠，进攻性极强。两只硕大的复眼始终警惕地环顾四周，黄色的面颊是一种警告色，提醒其他动物自己可不好惹，每个触角都有 12 节鞭节。口器为嚼吸式，具有 1 对锋利的大颚，随时准备向来犯之敌发起进攻，尾后针更是致命武器。它既捕食其他昆虫，也吸食花蜜花粉，被惹怒时敢向人类发起进攻。然而，它们也是其他动物的美味，如鸟类

黄蜂

在岩石筑巢的黄蜂

和虎头蜂等。

虎头蜂体形一般较大，因身上长有虎纹而得名，是个很凶残的家伙。会在蜜蜂巢穴的出入口窥测蜜蜂的行动，随时准备捉住进出的蜜蜂并把它带回去喂自己的宝宝。虎头蜂是蜜蜂的天敌。蜜蜂遇到虎头蜂进犯时会群起而攻之，但通常它们不是虎头蜂的对手，最终全军覆没。虎头蜂成群结队，天不怕地不怕，有时也会对人类造成严重伤害。

经过寒冬的洗礼，初春时节雌马蜂便开始独自筑巢了，它在一条石缝间忙碌地工作。它喜欢在离蜜蜂巢穴很近的隐蔽处筑巢，因为它们可以边筑巢边捕食蜜蜂来补充能量。这种马蜂边筑巢边产卵，这些卵经十几天的孵化后，下一代便诞生了。大部分的马蜂将枯死的树皮咬下来，混进唾液，制成糊浆进行筑巢，而不像泥蜂只要找到合适的泥土就可筑巢。

姬蜂触角细长，翅透明，腹部细长而弯曲，尾部拖着三条宛如彩带的长丝，飞起来十分好看。它是一类寄生蜂，寄主范围较广，但多以地蜘蛛为寄主。

中华蜜蜂伸出鲜红的喙在潮湿的泥土里吸食水和硝酸盐，那是它们身体必需的微量元素。

蜂类的警惕性很高。黄蜂发现险情后，会下意识地躲到草茎的背后，以窥测

在石头洞里筑巢的姬蜂

中华蜜蜂

来者的意图，进而选择下一步的行动。它们的防范意识是从上一代继承而来的，在生活中得到了进一步加强。它们的寿命虽然很短，但将上一代适应环境的优良习性继承得很好。

正在窥测的黄蜂

黄蜂停留在一根草茎上观察

这只黄蜂停落在一根草茎上观察周围的情况，此时它已发现危险的存在，准备飞走。

虎头蜂的体型要比黄蜂大得多，大颚异常厉害，一口就能将黄蜂从腰部咬成两截。黄蜂欺负蜜蜂绰绰有余，

被打死的虎头蜂和黄蜂

可是一旦遇到虎头蜂就在劫难逃了。

竹竿上等待夜幕降临的竹节虫

竹节虫的断肢再生

虽然昆虫种类繁多，无处不在，但要想拍到令人满意的昆虫照片，很多时候还要靠运气。盛夏的七月，我在深山中用数码相机拍下了难得一见的昆虫——竹节虫。它是不完全变态昆虫，若虫和成虫很相似，身段奇特，六条腿秀长，模仿竹子惟妙惟肖，全世界共有 6 科 2 500 种。它生活在竹林、草丛中，白天潜伏起来，晚上出来大肆吞食嫩叶，为森林害虫。它经常趴在竹节或树叶上，一动不动，如不仔细看，还真难以发现它的存在。

一个偶然的机会，我拍到了三只竹节虫。其中，两只竹节虫的六条腿是齐全的，其中一只好像少了一条右前腿，经过仔细观察，发现原来右前腿的位置上又长出了一条短而细的新腿。这难道是残肢再生吗？

昆虫在受到伤害后，其本能促使自身免疫系统进行自我修复。昆虫生活在复杂的野外环境中，各种意想不到的情况随时都有可能突然出现。竹节虫的六条腿十分娇嫩脆弱，稍微碰触一下会断掉，其实这是竹节虫"丢车保帅"的计策，给敌人一点甜头，从而保全了自己的性命。

受到惊吓时，它会保持静止不动，即使正在觅食也会立即隐蔽起来，静等危险过去。有时它们也会突然坠落到下面草丛里装死，待危险过去后再趁机溜走。

正在吃叶片的竹节虫

除竹节虫外，还有一些动物具有这种能力，如遇到危险时壁虎的尾巴会脱掉，但又长出新尾巴，蝾螈肢体被截断后能长出新的肢体，螃蟹的螯足断掉后也会长出新的螯足。

科学家们经长时间的观察研究发现，生物体内有一种生物电流。在生物电流的作用下，动物断肢末端细胞会快速分裂，形成新的组织，并长出新的肢体。有些生物体没有这种生物电流，断肢后不会再长出新的肢体。竹节虫体内有这种生物电流，它使残肢部位的细胞被激活并加速分裂，最终形成和原断肢相同的肢体。

动物的这一习性，对人体医学及生物修复或补偿某些组织或肢体有很强的启发性。

重新长出右前腿的竹节虫

甲虫姿态也很萌

卖萌的甲虫

美，并不只是表现在外形，还有心灵。只有善于发现，才能发掘他人没有察觉到的美。蝴蝶被称为"会飞的花朵"，"梁祝化蝶"更是把蝴蝶的美丽凄婉传诵了一千多年。其实，有许多昆虫，它们也很美丽，只是不常为人们见到而已。我亲眼看见了很多气质优雅、身姿曼妙的昆虫。还有些昆虫萌态可掬，且有很多不为人知的习性，让人惊叹不已。

拍摄风景时，风景相对固定不动；给人拍照时，摄影师可以指挥被拍者摆出一定的姿势，而给昆虫拍照，它才不听那一套呢！稍有风吹草动，它们立马躲起来或逃掉，让摄影者吃个闭门羹。我拍摄昆虫从来不用三脚架固定相机，只用双手托着拍照。这是因为当把三脚架支好时，昆虫也早已逃之夭夭了。可见，拍摄昆虫并不是一件容易的事儿。

昆虫的姿态很美丽，但只有在摄影作品中才能真正领略到。很多雄性成虫都很漂亮，且喜欢在异性面前展示自己的魅力。它们也有喜怒哀乐，只因面部都是由坚硬骨骼构成的，没有松弛的肌肉，所以人们一般看不到它们的表情的变化。

看，这只绿色象甲正在卖萌，它的六条足轻轻地抓住草尖顶端，两只触角不

卖萌的绿色象甲

停地在摆动。有时它还用四条前足抓牢草尖，空出的两条后足在不时的舞动，像在炫耀它的舞姿。昆虫通过它们的肢体语言宣示它们的存在，它们是自然界中不可或缺的一员。这种甲虫的翅膀外表有一层薄薄的淡绿色的茸毛，体色与周围环境融为一体，这也是它们适应环境、保护自身的需要吧。

这只仅 2 毫米的小甲虫，仅用后面两条足站立，两条前足像是正在练习敬礼，两根触角左右分开，表现出十分自豪的神情，真是让人忍俊不禁。其实，它不是在练习敬礼，而是在梳理自己的前足以保持清洁。

昆虫爬行是以三条腿为一组进行的，即一侧的前足、后足与另一侧的中足为一组。这样就形成了一个三角形支架结构，当这三条腿放在地面向后蹬时，另外三条腿立即抬起向前准备轮换，配合十分默契。这只深蓝色的叶甲在绿叶上轻快地爬行，身

梳理前肢的甲虫

在绿叶上爬行
的叶甲

体闪动着蓝色的金属光泽，体表的细茸毛不停地抖动；两只触角伸向前方，感知前方的各种信息；一条后腿翘得很高，优雅地向前爬行。看！它不仅装饰了自然的美，还构成了一道美丽的风景。

昆虫交尾

交尾的叶甲

　　没有花前月下，没有粉轿唢呐，没有豪车迎接，没有宴会喧嚣，没有嘉宾捧场，没有别墅炫耀，昆虫们以蓝天作房，植物当床开始了它们的婚礼，真是别有情趣。在自然生态系统中昆虫扮演着重要的角色，但它们也要遵守大自然的基本法则。为了生存和繁衍，它们也各显神通。

　　多数昆虫的生命是极其短暂的，尤其是长到成虫以后，不少昆虫的成虫只能在自然环境中存活几天。为了能传宗接代，它们把这短暂的生命黄金期专门用来寻找配偶并进行交配，甚至为此不惜牺牲自己的生命。

　　除了蜜蜂、蚂蚁、蚁蛉（倒臀）等营群居生活外，绝大多数昆虫是独居度日，平时不相来往。只有交配时才聚在一块儿，享受一生中极为难得的快乐时光。

　　昆虫到了性成熟期，雄性或雌性会从腹部末端或者其他腺体释放性信息素，并通过空气向异性发出求偶的信息。借助风的传播，异性昆虫嗅到那诱人的气息，便趋之若鹜地来到它的身旁。

　　昆虫通常都过着隐匿的生活，极少露面。它们的交配时间有季节性，且地点也不确定，随意性强。昆虫雌雄个体差别较大，雌性往往比雄性大很多。甲虫的交配时间在每年的 5 月初。甲虫鞘翅边缘透明，后翅折叠起来藏在鞘翅里，雄甲虫交配欲望非常强烈。

甲虫是动物界中数量最多的一个类群，也是地球上最古老的动物类群之一。经过大量野外观察发现，圆形的甲虫雄性外生殖器官一般都比较硕大，长度大约占它自身长度的 1/6；长形甲虫的雄性外生殖器官细而短。这是它们为了适应恶劣环境而进化的，为了繁衍出更多优质的后代，雄性起着重要作用，也就是说，雄性的精子健壮后代才能更好。

黄颈黑翅的甲虫，雌性肚子奇大，像一棵成熟了的大茄子。这种甲虫也是在初夏开始交配，性欲十分强烈。

叶甲的求偶过程十分有趣。雌性叶甲的腹部很大，在交配期它会释放出大量的性外激素并随风传播到四面八方，引来众多的雄性甲虫。这些雄性甲虫都集中到雌性的周围为了争夺交配权而大打出手，而雌性甲虫则一动不动地等待它们中间胜利者的出现。

正在交配的叶甲

交配中叶甲

三个雄性叶甲正在争夺交配权

两只雄甲虫为争夺配偶在争吵

对于有些昆虫来说，交配在其一生中仅有一次。为了争夺交配权，两只叶甲互不相让，用触觉发出抗议，并发出"吱吱"的叫声。此时，趴在雌甲虫身上的那只雄甲虫已占了上风。而多情的雌性对配偶并不挑剔，不管对方是谁，只需要能交配成功就行。它们边交配边产卵，交配数分钟后便分道扬镳，雌甲虫会把受精卵产在自己刚刚排出的粪便里，让粪便来保护它们不被天敌吃掉，同时也为幼虫提供了"初乳"。

龟甲的交配十分浪漫，雌龟甲性欲往往比较强烈，主动性较高，释放的雌性激素散发很远。雄龟甲嗅到气息后便会主动飞过来。它们边走边交配，应该是怕再有其他雄龟甲来干扰吧！

两只雄瓢虫在争夺交配权，看来后边的一只是没有希望了。瓢虫的种类虽然较多，但是不同种类的瓢虫是不会进行交配的，这也能保持它们各自物种的纯洁性。

叶甲交配

龟甲交配

瓢虫交配

昆虫界的『四不像』——长喙天蛾

昆虫界的"四不像"非长喙天蛾莫属，它的口器有长长的喙管且有尖端膨大的触角很像蝴蝶；它发出的嗡嗡声很像蜜蜂。它还像蜂鸟，时而在花间急驶，时而在花前盘旋。它白天活动，数量较多，在花丛中一般都可见到它们飞翔的身影，它以花粉、花蜜为食物。自然界中最小的鸟类——蜂鸟也是以花粉、花蜜为主要食物，也活跃在花丛之间，人们很容易把长喙天蛾与蜂鸟弄混。

我在深山拍到的长喙天蛾身体呈深灰色，它口器中的喙管跟身体差不多长，平时卷起来，只有寻觅食物时才伸展开来，能伸到花蕊深处，既能吸收花蜜又能帮助传播花粉。它们的飞行能力很强，空中悬停、急速转弯、上下翻飞、前进后退，无所不能，堪称飞行健将。很多蛾类喜欢黄昏或夜间出来活动，而长喙天蛾却喜欢白天觅食。许多蛾类从蛹期蜕变为成虫后，口器退化，不再进食，完全靠幼虫期吸收的营养来维持生命，为了与异性交配，它们争分夺秒。长喙天蛾则不同，它的口器不但没有退化反而十分发达，进化出了长长的喙管，并依靠它来吸食花蜜、花粉。

平原地区的天蛾呈深褐色，体形要比山区的小一些。它们的飞行能力也很了得，它们伸出的喙管能很准确地伸进花蕊中吸食花蜜，同时可以悬停空中。它们风度翩翩，舞姿优美，喜欢到药用植物的花朵上吸食花蜜和花粉，如在大蓟花中吸食花粉。

长喙天蛾在吸食花蜜

这只小天蛾徘徊在金银花的花丛里。它在寻找食物的同时，也能为花儿传粉，互惠互利。昆虫是动物的重要成员之一，它们既装点了大自然，也为其他动物提供了食物来源。

徘徊于金银花中的小天蛾

自古以来，众多的诗人以昆虫为题材书写出了很多脍炙人口的诗篇，不仅描绘出了生动可爱的昆虫形象，也彰显了人与自然的和谐之美。

昆虫有很多不为人知的一面，有可能为我们呈现了更加美妙的昆虫世界，只待人们观察和发现。

昆虫 拟态的奥秘

哺乳动物的幼仔要在险恶的自然环境中生存下去，则必须学习前辈们的生存技能。人类的生存技能也是后天学习得到的，而不是生来具有的。奇怪的是，昆虫们的生存技能根本不用向前辈学习，它们的后代出生下来就能很好地继承前辈们生存所需的一切技能。为什么昆虫不需要学习却自带那些能维持生存的独门绝技呢？这是我一直在反复揣摩而不得其解的问题。难道除了外形等能遗传，知识、智慧及生存技能也能遗传吗？昆虫拟态的习性又是如何遗传下来的呢？这些看似小事儿，但却隐藏着很多不为人知的生物奥谜。一旦此谜揭开，其在生命科学、人工智能、现代仿生学等领域的应用前景将十分广阔，甚至可能产生新的交叉学科。

看！这个仅3厘米长的夜蛾幼虫多么像一条可怕的眼镜蛇啊！数年来我拍了上万张昆虫的微距照片，每次对昆虫近距离观察和拍照时，都不禁为它们与周围环境融为一体的场景而感到惊奇；它们模仿其他动物或植物也惟妙惟肖。这些未解的奥秘一直萦绕在我的心头，促使我总想深入了解，一探究竟。

自然界中动植物都是昆虫们模仿的对象。它们是怎样模仿得如此惟妙惟肖，甚至以假乱真的呢？它们的父母生下它们后早已不知去向，因此它们不可能得到父母的教诲，难道它们无师自通？它们模仿枯黄的叶片，模仿得不但有叶柄，甚至连枯叶上的白斑、干缩的叶片边沿也

尺蛾幼虫拟态眼镜蛇

模仿得几乎没有差别，真是太神奇了！

不仔细看这条燕尾蛾幼虫，还误以为它是一根折断的枯枝。燕尾蛾的祖先是怎么知道自然环境中的枯木，而又把自己的身体直接模仿成如此逼真的枯枝的呢？它们又怎么知道枯枝从树上断裂后其两头都有不规则断开的枝杈，还有翘起的干树皮的呢？它们又是怎样让其幼虫拟态枯枝来保护自己、迷惑天敌的呢？这些仍待进一步探究。

拟态成卷曲的枯叶而趴在夏季翠绿的树叶上，也许只有昆虫才能做得到吧。如不仔细看枯叶下面几条隐藏的细腿，还真会被它们所迷惑，认为这只是一片孤零零的枯叶了。我无意中发现了它，想靠近仔细看时，它却迅速飞走了。它落到不远的地方，两只翅膀又合并成一片无缝的枯叶，静止不动了。要模仿得如此逼真，恐怕连高智商的人类也要费很大的工夫，动很多脑筋才能做到吧！

昆虫独特的生理特性，不同时期鲜为人知的变态过程，既迷惑了天敌又保护了自身。是否是大自然把其他动植物的目的基因导入到昆虫细胞内，让昆虫具有了模仿它们的功能呢？在漫长的岁月中物种的进化和自身的适应性让昆虫将这些特征逐步遗传给后代。

有的蛾类幼虫很像鸟儿刚拉的一坨粪便，让其天敌看着恶心。从而不用担心天敌来侵袭。昆虫又是鸟儿们果腹的食物，但是鸟儿不会吃自己排泄的

燕尾蛾幼虫拟态枯木

粪便，而这只夜蛾幼虫拟态为鸟
类粪一定是猜透了鸟儿的心理，
故意让它看见却避而远之。

核桃美舟蛾拟态为卷曲的枯叶

悬挂在草秆上的一串小枝权，
通常不会引起人们的注意。当我
走近仔细观察时，发现它在缓慢
移动，有时前进，有时倒退。一串
小枯枝，缘何会动呢？原来是蓑蛾
幼虫用黏液把枯枝粘在身上伪装成一串小树权，真是让人惊叹不已！

雌螳螂产下卵鞘（桑螵蛸）后，头也不回地走开了，很快它就要走到生
命的尽头。第二年初夏，这些早已失去父母的小螳螂就从桑螵蛸中孵化出来。
一粒仅有大拇指大小的桑螵蛸能孵化出 200 多只螳螂若虫。

螳螂产卵是一个很有意思的过程，首先它排出许多像肥皂泡一样的东西，
然后在上面依次产卵，几分钟后泡沫状物质就变成了外壳坚硬且经得住雨雪
侵蚀的桑螵蛸。桑螵蛸的内部结构像有 200 多个房间的筒子房，每个房间内
都有一颗亮晶晶的卵，还有通向外面的
孔道。每个房间之间密封得很严实，不
怕严寒，不畏风雨，可以让螳螂卵安心
越冬，等待来年春暖花开。

身裹枯枝的蓑蛾幼虫拟态成
一串小树权

那么，昆虫拟态其他生物，是否是
有一种无形的自然力量在有意识地帮助
它们呢？况且，这也不能简单用"本能"
二字解释清楚。那么，"本能"又是如
何存在的，如何继承下去的，是依靠什
么物质传承下去的呢？昆虫的拟态是一
种遗传本能，在昆虫基因链条中就有遗

传的拟态及生存技能双重
环节在起着作用；自然选
择在物种的进化中可能偏
袒弱势的昆虫，而昆虫的
基因则有遗传和自然选择
的双重成分存在。在自然
界中，没有哪个个体是长
生不老的，个体的表型也
会随个体的死亡而消失，

螳螂产卵

决定表型的基因却可以随着繁殖后代而延续，并且在种群中遗传下去。内部
的基因重组到底起了怎样的作用？这就需要科技工作者去研究和发现，进而
揭开昆虫拟态的奥秘。

　　生命是宝贵而美丽的，又是神奇而复杂的，它对于生物个体只有一次，
只能由后代延续。千万年的物种进化、环境变迁、气候剧变，都迫使昆虫这
个弱势群体必须适应自然的选择。

昆虫拟态为枯叶

拟态成枯萎的花瓣

昆虫 顽强的生命力

生命不息显倔强，适应自然透时尚；

万物自有生存计，学习异类定吉祥。

盛夏的一个下午，我到河边的树荫下纳凉同时寻找可拍的昆虫。突然，一只长尾灰喜雀从一棵树上飞了下来，一只绿色的金龟子被它逮个正着。这只长尾灰喜雀带着战利品并没有立即飞到树上，而是落在离乘凉的人们只有几米远的沙滩上。我被这突如其来的情况所吸引，目不转睛地盯着眼前的一切，只见长尾灰喜雀对着绿色金龟子狠狠啄了一口，然后迅速飞到一棵树上，伸了伸脖子吃下了金龟子的腹部。这发生在转瞬之间，我没来及拍下这一精彩场景，心中不免有些懊悔。

长尾灰喜雀飞走后却留下一个东西，待我走近一看，原来是金龟子的鞘翅、头部与胸部的四条足，而腹部和它的两条后足已被灰喜雀啄食掉。我非常好奇，把这仅有的残骸拿了起来。仔细观察，没有腹

被长尾灰喜雀啄去腹部的金龟子

部的金龟子胸部四条足还在动。我把它放在一个小纸盒子里，而那只长尾灰喜鹊站在树杈上远远地注视着我，似乎是十分惊诧。

过了两天，我打开存放金龟子的小盒子，那只失去腹部的金龟子的四条腿还会动。尽管它失去了赖以生存的腹部，但靠剩余的身体器官仍能活着。可见，昆虫的生命力是多么的顽强！另外，小小的蚂蚁生命力也十分了得，

即使没有腹部，仅剩头部和胸部前条足也能存活3天，而且还能吃食物，只是食物再也不能进入腹部了。

昆虫有无数的鲜为人知的秘密，需要人们深入研究，以便其更好地为人类服务。

两天后无腹部的金龟子仍在动弹

任何生物都离不开食物，昆虫也不例外。它们都必须摄取食物，吸收营养才能存活。在所有动物中，昆虫是最耐饥饿的动物，它们对饥饿的忍耐程度超出了人们的想象。

由于昆虫的骨骼长在身体的外边，因此它又叫外骨骼。外骨骼可以防止水分蒸发，保护并支撑躯干，使其适应陆地生活。昆虫还可以通过外骨骼上的气孔进行呼吸，并与外界进行气体交换。昆虫在成长过程中需要进行蜕皮，但它蜕去坚硬的外骨骼可不是一件容易的事，这需要昆虫分泌生物酶使外骨骼快速软化，进而蜕去外壳。正在蜕皮的瓢虫十几天可以不吃不喝，待外骨骼全部蜕掉，才能重新进食，获得新生。

刚从蛹壳中羽化出的瓢虫

昆虫的风姿

明灯蜡烛照千秋，夜黑月光映烛辉；

小小萤虫闪夏晚，幽幽蜡影又知谁？

唐朝诗人李商隐在《无题·相见时难别亦难》中就有描述昆虫的佳句："春蚕到死丝方尽，蜡炬成灰泪始干"，提到了春蚕与蜡虫两种昆虫生产的物品——丝和蜡——都是对人类非常有用的日用品。

我国利用虫蜡历史悠久，至今已有 3 000 多年历史，在电灯没有发明和应用之前，人们晚上都是用蜡烛或油灯照明。人们制作蜡烛所用的蜡粉和蜡丝，都是蜡虫的分泌物，所以古人将蜡字偏旁用"虫"而不是"火"。虫蜡熔点较高，质地硬，透明度好，被广泛用于国防、化工、医药等领域，是不可多得的天然原料。随着石油工业的发展，它的副产品取代了原来的蜡烛。

蜡虫属半翅目昆虫，与蝉、蚜虫等有亲缘关系。蜡虫在我国南方的一些地区被作为一种经济昆虫而进行大面积放养，它的寄主植物主要是女贞子和白蜡树。我国北方把白蜡树称为白蜡条，主要用于制作农业工具。我在南阳深山区拍到的 11 种蜡虫，种群个体数量少，又比较分散，没有见到虫蜡像雪片一样的场景。在初冬时节我在南召山区见到蜡虫产出少量虫蜡的情景。

雄性蜡虫分泌白蜡，雌性蜡虫主要任务是生儿育女。每年夏初，雄性白蜡虫幼虫开始分泌白蜡，一直持续到 8 月底。经过蜡虫数月的分泌后，树上像落了一层厚厚的白雪。这些白蜡裹着的是雄性白蜡虫的蛹。人们把蛹采集下来制成蜡烛，给人们

蜡蝉若虫

蜡蝉在分泌蜡　　　　蜡蝉成虫

带来了光明。

　　另外，有些蜡蝉也能分泌虫蜡。它的尾部分泌蜡丝，进而逐渐包裹全身，如同蚕丝一样。

　　蜡蝉的身姿也很美丽，头部酷似蝉，是蝉的近亲。它们会通过吐丝、结茧、形成蜡包等发育为成虫。有些蜡蝉成虫的前端有一个很长的帽子，那是它们的感应器官。一旦蜕变为成虫，它们就要寻找雌性成虫进行交配，为繁育后代创造条件。

　　蜡蝉的种类很多，我曾见到东方蜡蝉、碧蛾蜡蝉等。

　　东方蜡蝉，南方称之为龙眼鸡、长鼻蜡蝉，在我国北方较少见到。我在广西巴马旅游时拍到过该种昆虫。雌性东方蜡蝉静静地趴在树干上，等待雄性蜡蝉的到来，完成交配和产卵。它的警惕性很高，自我保护意识很强，当感觉有危险时，不是飞走而是落到树下草丛里，给捕食者以"死掉"的假象。

雌性蜡蝉成虫

　　碧蛾蜡蝉胸背板很长，是一种体小而美丽的蜡蝉。它们体长一般约 7 毫米，全身碧绿，栖息时双翅像树干上的一小片嫩叶，和其他蜡蝉一样，碧蛾蜡蝉全身覆以白色棉絮状蜡粉，腹部末端附有白色棉花状的细蜡丝。口器既粗又短，头部酷似蝉，足胫节、跗节颜色略深。这种蜡蝉受惊吓时会很快飞走，就像一片被风吃走的绿树叶。

东方蜡蝉

蜡蝉幼虫体形很小，仅2毫米，尾巴像绒球，它们专吮吸植物的嫩汁液，积蓄能量为产出更多的白蜡做准备。它体内有一种生物酶，与吸食的植物液体经过复杂的生物化学反应，进而生产生物蜡。

碧蛾蜡蝉

不少昆虫对人类都是有益的，只是有很多方面人们暂时不知道或研究得不够，有时只看到昆虫不好的一面而未能深入发现昆虫有利的另一面。人们只有正确认识昆虫，才能利用好昆虫，使之成为人类取之不尽的资源。

蜡蝉入冬前产出的细腻白蜡

蜡蝉初冬时节分泌的蜡状颗粒

叶蝉的繁衍

似蝉非蝉绿叶蝉，树叶丛中多缠绵；

个小也会吱吱叫，雌雄欲行鸳鸯恋。

　　叶蝉属于半翅目昆虫，种类较多，全世界有 1 万多种，我国目前已经发现 1 000 多种，以南方居多，它们对寄主植物造成一定的危害。它们对生存环境的要求也是十分苛刻的，少许的农药残留就可能要了它们的小命，空气的严重污染更会使它们的数量锐减。在我国的茶叶产区，往往把当年茶叶是否被叶蝉啃食过，作为新茶是否有农药残留的简易测定方法。

　　这是一只展翅欲飞的叶蝉，胸部呈黄绿色，具 1 对黑色翅膀，背板上有 6 个均匀分布的黑点，1 对短短的黑色触角，头部有两只乌黑发亮的大眼睛，6 条黑白相间的足。它们的警惕性很高，只要周围稍有风吹草动，它们就会立即弹跳着逃跑或者展翅飞走。它们飞行的速度较缓慢，不过它们会很快躲到叶子的背面，或者躲到叶茎的背面窥探着危险是否

展翅欲飞的叶蝉

带黄色条纹的叶蝉

绿叶蝉幼虫

过去。

这只叶蝉头上具有 1 对短短的白色触角，具有黄白相间的宽条纹，六条黄色的足，后两条长满小刺的足长而有力，善于弹跳。

春天是绿叶蝉幼虫拙壮成长的季节，此时它危害植物最为严重，但它们的翅膀还没有长出。

随着身体的成长，绿叶蝉体色由棕色逐渐变为绿色，翅膀也慢慢长出。

绿叶蝉是独居的昆虫，只有到了繁殖时节它们才聚集到一起。雌性绿叶蝉往往比雄性体形宽大。夏天鸣叫的蝉只有在逃跑时才从尾部排出体内多余的汁液，名副其实的"屁滚尿流"。在交配的季节，雌性绿叶蝉体内会产生一种性信息素并通过尾部释放到体

叶蝉幼虫

两只准备交配的绿叶蝉

外，借助于风在空气中传播。雄性绿叶蝉在数十米外就能嗅到这种特殊的味道，它会寻着气味找到雌性绿叶蝉的位置。雌性绿叶蝉不停地释放性信息素，而雄性绿叶蝉则守在它的下方，有时性信息素会滴到雄性绿叶蝉的头上、身上和周围的枝叶上，雄性绿叶蝉慢慢爬向雌性绿叶蝉的位置，进而完成传宗接代的任务。

螳螂 的地域差异

　　受环境、气候、地理纬度的影响，不同地域昆虫的外观形态也不相同。我国南方日照时间较长，雨量充沛，气候湿润，昆虫色泽鲜艳；北方气候较寒冷，四季分明，昆虫外表粗犷且颜色较暗。近些年，我走遍祖国的大江南北，不失时机地拍摄那里的昆虫，寻找它们的差异。如螳螂，南北方的螳螂出生时间就相差了一个月。

　　我在广西巴马拍摄的铠甲螳螂，体长仅有 6 毫米，头呈倒三角形，两只橄榄形、淡灰色的大眼睛像两颗宝石镶嵌在脑袋上；它的触角很长，大约由 15 节黑白相间的小节组成，身体背部由黑色、棕色和白色条纹构成，腹底部很像古代士兵穿的铠甲，因此我称之为铠甲螳螂。它通常在 3 月出生。

铠甲螳螂

　　它很机灵，六条足秀美细长，爬行时腹部总是翘着，就像士兵举着的盾牌。当它发现我在给它拍照时立即蹦跳着逃开了，并不时地扭头看我，让人忍俊不禁。

　　5 月初的一个上午，

六条足秀美细长

我在南召大山里寻找昆虫照相时，在一座养蜂场的草茎上偶然发现了这个小家伙——屏螳螂。它比较憨厚，我为它拍照时，它还在不时地看着我，根本没有要逃跑的意思。它全身灰黑色，头上长了一个独角，很像汉朝

屏螳螂

官吏头上戴的帽子（我称它为汉冠螳螂），这个帽子约占它身长的 1/6。身长大约 12 毫米，触角比较短，胸部 3 节，腹部 6 节。这种螳螂非常稀少，之后我再也没能见到它们。

2015 年 5 月底在松潘岷江源旅游期间，我拍摄到了这只螳螂，它体长大约 5 毫米，触角比较长，全身黑色，行动非常敏捷。为了给它拍照，我将它捉住并带到所居住的客栈里，放在台灯下仔细观察、拍照。这个小家伙的两只眼一直盯着我，一有机会就要逃跑。不时举起前肢在空中舞动，很是威风。它的胸部粗壮，腹部较短，这可能是为了适应高原寒冷的气候的缘故吧！拍摄完毕后，我把它放回到客栈院子里的一株植物叶片上，只见

青藏高原的幼螳螂

它三窜两蹦便消失在草丛里不见了。

泥蜂 的巢穴

膜翅目是一个庞大的家族，种类多达 28 万种，目前已发现的有 12 万种。有的种群十分庞大，如蜜蜂成千上万只蜂聚在一个蜂巢里；而有的种群则很小，只有二十几只甚至十几只聚在一个蜂巢里。每种蜂都有自己独特的巢穴且相互重复的可能性不大。蜂巢是它们赖以生存的家园，也是它们舒适避风的港湾。

在大山深处的一个养蜂场里折叠的帆布篷下，我无意间发现了一根圆形弯曲的泥管，开口像是用圆规画出来的一样，直径大约 10 厘米。由于不清楚这个泥管里到底藏着什么，我想一探究竟。当我轻轻地打开它那封闭的泥管时，突然从我眼前飞出一只蓝色的泥蜂，还没来得及为它拍照，它早已消失在旷野中了，只留下它的劳动成果——泥巴做成的蜂窝以及其战利品。

我在打开的蛛蜂巢穴里看到了被捉来的蛾类幼虫，有的已经没有了生命迹象，但大部分还活着。让人不可思议的是，泥蜂体形比蜜蜂还要大一倍，却生活在一个如此狭窄的几乎放满蛾类幼虫的巢穴里，同时还拥有自己的卧室。

泥蜂具有很强的领地保护意识，又有极强的攻击性，通常人们很难靠近它的巢穴来观察它的生活习性。泥蜂是一种寄生蜂，它将蜂毒注入蛾类幼虫的体内，使其麻醉，然后将其带回巢穴，随后将卵产进蛾类幼虫体内，待卵孵化后就以这些蛾类幼虫为食。泥蜂妈妈考虑得真是很周到！

隐蔽的泥蜂窝

麻袋上的泥蜂窝

昆虫的梦魇——虻类

食虫虻是虻类昆虫的一种，属于双翅目昆虫，以捕食黄蜂、蝴蝶、苍蝇等昆虫为生。食虫虻身体粗壮，头部宽大，触角较短；1对复眼呈墨绿色，翅膀宽大而透明，翅脉清晰；口器为刺吸式，和蚊子有点像，不过要壮很多。雄性食虫虻复眼相连，雌性复眼分开；雄性食虫虻的尾部细长，雌性则尾部粗壮。雌雄一般比较容易辨认。

食虫虻和蚊子一样，雄性食虫虻有时吸食植物汁液或者花粉，多在花丛中飞舞；雌性食虫虻以捕食其他昆虫为主，以便腹中成熟的卵受精后能产出更多的后代。雌性食虫虻的口器很发达，上颚如同薄薄的医用解剖刀，十分锋利，下颚特化为针状。

趴在树干上的雌性食虫虻

而食虫虻的亲戚牛虻则是臭名昭著的畜牧业害虫，牲畜被它叮咬后，被叮处红肿且疼痛难忍，甚至会使奶牛产奶量明显下降；有的牛被叮咬后，会经常顶撞主人，给生产带来安全隐患；牛的眼睛被叮咬后，严重时可能会出现失明的情况。但牛虻也不是一无是处，晒干后它可以入药，是治疗人类某些癌症的一剂猛药。

趴在叶片上的雄性食虫虻

雌性牛虻眼睛十分敏锐，视野开阔，嗅觉发达，茸毛感知力强，对周围的温度、湿度、声音、气流、气味瞬间就能感觉到，会立即采取回避、冲击、捕获等不同的动作。牛虻的6条足前端都有7节灵活的肢节和2个发叉的爪，它们的足部灵活有力且布满尖锐的小刺以便于抓牢猎物。

雌性食虫虻

雌性牛虻的脊背像背着一口锅，翅膀下生有一对黄色平衡锤，飞行时发出"嗡嗡"的响声。有时，牛虻也会自相残杀。当它抓到猎物时，会立即把消化液注入猎物体内，待猎物内脏溶化成液体后再将其吸入体内。

雄性虻类

雄性牛虻腹部细小，翅膀下生有一对白色平衡锤。牛虻翅膀下的平衡锤是它们的后翅进化而成的。有趣的是，若把平衡锤掐掉，牛虻飞行时就会失去平衡，此时牛虻会瞎碰乱撞，失去方向感。若只把右边的平衡锤剪掉，牛虻只会向左转，真正成了"瞎虻"。

盛夏是鹬虻进行交配的季节，鹬虻交配方式非常有意思且充满戏剧性。鹬虻的飞行技术极为高超，当到了交配季节，雌性鹬虻会聚集在一起在空中飞舞，分别炫耀自己的飞行技巧，以引起异性的关注。若双方情投意合，雌性会慢慢飞并飞出花样，且故意在雄鹬虻面前展示自己的魅力。雄鹬虻则立即飞来把尾部准确地插进雌鹬虻的尾部，像飞机空中加油一样。一旦交尾完成，便双双降落到地面。它们的交尾速度异常迅速准确，当人们还未缓过神时它们已经交尾成功并降落到地面了。这是我在山区亲眼看到的奇特场景，很幸运我把它们交配完落到草叶上的场景拍了下来。

鹬虻交尾

　　还有更为神奇的是，雄食虫虻在交配的时候会携带礼物，以便来转移雌虻的注意力，趁机完成交配。

奇特的蜂巢

鞭状蜂巢中的马蜂

　　随着秋风、秋雨的到来，深山中的各类昆虫已经长大，此时正是寻觅昆虫的极佳时光。

　　我在深山里发现并拍过十几种不同的蜂巢，有葫芦形蜂巢、鞭状蜂巢、树洞蜂巢、叶状蜂巢、片形蜂巢等。这也显示出人们环境保护意识的增强，同时也说明山区不易受人为干扰，是各类昆虫良好的栖息之地。

胡蜂巢穴

（一）鞭状蜂巢

　　我的昆虫摄影基地是深山中的一座封闭式养蜂场，蜂场主人老宋是我相交多年的好友。那里生态环境很好，是昆虫的天然乐园。他十分用心地维护着这种良好的环境，就连女人

筑在屋檐电线上的鞭状蜂巢

鞭状蜂巢

喷了香水，他闻到后也毫不客气地将其轰走。他虽没有很高的学历，但却拥有几十年的养蜂经验。鞭状蜂巢的发现，多亏他的功劳。

在他屋檐下的电线上，垂着像绳子一样的东西。乍一看，以为是一根绳子悬挂在电线上，待走近仔细观察，发现原来是一个蜂窝，只见二十几只胡蜂正在上面忙着筑巢。

这种蜂巢很罕见，长度有45～50厘米，随着蜂群的扩大，蜂巢的长度还会不断增加。每个蜂巢单元都呈圆柱形，直径约8毫米，长度大约20毫米，而蜜蜂的蜂巢单元为正六边形。这种蜂有时会在树杈上建窝，同时在巢旁有警戒蜂巡逻，只要稍有动静，它们会倾巢而出，攻击来犯者。

人们近距离观察胡蜂，会发现一个奇怪的现象，它们都有一个细细的腰围。这是因为只有细腰才便于将尾部灵活地向内或四周弯曲转动，方便其将蜂针刺入入侵者的身体，进而把毒素注入进去。

（二）片形蜂巢

这种蜂巢是倚墙角建造的，刚开始仅有一只雌蜂独自筑巢，边筑巢边产卵。等第一批幼蜂长大后，也会帮助妈妈一起筑巢。

蜂巢呈薄片状，建成后大约有1米长、80厘米宽。只要不惊动它们，就不会受到攻击。

筑在墙角的片形蜂巢　　　　　　　　　筑在树丛中的片形蜂巢

　　还有一种建造在树丛里的片形蜂窝，它与屋檐片形蜂窝一样都属于胡蜂窝。这种胡蜂筑巢本领很高，会日夜不停地筑巢。筑巢时虽然没有专门的警戒蜂，但每一只筑巢蜂都有很强的警戒性。

　　最让人惊叹的是，它们可以直接在大树叶上建造的片形蜂窝。这种蜂巢较为罕见。蜂窝如同湖中的一叶扁舟在树丛中来回飘荡。这种蜂非常有趣，它们集体在一片大型树叶上劳作，并把树叶卷成竹筒状，把卵产进叶筒内。不仔细观察，还真不知道它们在树叶上做什么。

　　它们筑巢时十分认真，为避免被打扰会有警戒蜂在周围不停地巡逻。若有入侵者闯入，警戒蜂就会立即飞过来侦察情况。当我近距离观察它们时就有两只警戒蜂飞过来，一只蜂落在我的肩膀上，另一只蜂围着我转圈，似乎要驱赶我这个不速之客。当我离开后，两个小家伙又飞回它们正在筑巢的大叶片上。因为我只是为它们拍照，而不干扰它们的生活，所以双方相安无事。

　　我屏住呼吸在距离它们的10厘米的地方进行拍照。近距离观察，只看到它的面部酷似人带的假面具，一双大大的复眼，

筑在叶片上的片形蜂巢

一对长长的触角，细细的腰肢，有力的膜翅，带刺的尾部，还不时地抬头观察周围的动静。蜂群中的工蜂为雌性，它们的产卵器特化为一根刺，已经不具有繁殖能力了，这也避免了众多蜂王的出现。由产卵器特化为尾部的针刺，这也是蜂类进化的需要。

葫芦状蜂巢上部小下部大，悬挂在隐蔽的树枝上，周围有阔叶遮盖，这也减少了风吹雨淋、太阳暴晒。

葫芦状蜂巢

蛛蜂巢穴

蛛蜂是典型的狩猎性寄生蜂，为杂食性蜂，主要以地蜘蛛为食。它们的蜂巢一般都是建在墙壁、石壁或树洞中。这种蜂也是很勤快的，它们先用泥巴和唾液混合并黏合在附着物上做成巢穴，然后飞出去寻找食物（地蜘蛛）。有趣的是，它们找到的地蜘蛛大小几乎一样，但它是如何找到同样大小的地蜘蛛的仍是一个谜。它们可以根据地蜘蛛的体形筑巢，巢内有运输地蜘蛛的通道。

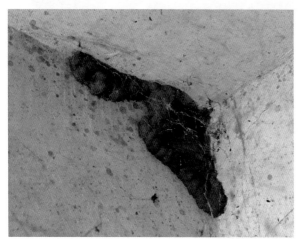

建在墙壁上的蛛蜂巢

当它们找到地蜘蛛后，前面的四条腿抓牢蜘蛛的上身，后两条腿，配合两只翅膀把地蜘蛛带回巢穴。由于地蜘蛛比蛛蜂还要重，若要长距离运输，蛛蜂不费一些周折很难如愿以偿。

建在墙壁上的蛛蜂巢从表面看上是一堆没有规则的干泥巴，其实它的内部结构十分复杂，有蛛蜂出入的通道、走廊、卧室、食物储藏室、育儿室。蛛蜂也十分聪明，它们回巢穴时骑上地蜘蛛，后腿蹬着墙壁，从蛛网稀疏的空间爬过去，从洞口拱进泥巢里，并不会惊动狡猾的蜘蛛。

蛛蜂专找肥美的地蜘蛛享用，但这种蜘蛛通常在地表的洞里藏身，人类要发现它们并不容易。可是，蛛蜂找到它们却易如反掌。地蜘蛛一旦被蛛蜂注射了蜂毒而进入麻醉状态，只能任凭蛛蜂摆布，毫无反抗之力。

蛛蜂

蛛蜂的巢穴建在隐蔽向阳的地下。用厚约 15 厘米的碎树叶、干杂草建成和周围土壤隔开的围墙，再在其中筑直径大约 75 毫米的开口朝上的蜂巢，其蜂巢平行于地面，可区分于蜜蜂的蜂巢（垂直地面）。蛛蜂酿的蜜为淡绿色，而中华蜜蜂和意大利蜂酿造的蜂蜜为

蛛蜂窝内被捉来的幼虫

地蜘蛛

蛛蜂窝内部已被损坏后的情景

正在搬运地蜘蛛的蛛蜂

蛛蜂窝

黄褐色，其甜度比后者高，但产量较低。

　　树癞黑蜂也是一种寄生蜂。它以土蜘蛛为寄主，也会把自己的卵直接产在蜘蛛体内。

树癞黑蜂

乔装打扮的蓑蛾

蓑蛾在啃食树叶

伪装蓑衣贯全身，如穿铠甲避雨淋；

蓑衣作房随身行，专啃植物树叶新。

蓑蛾，因披着植物原料做成的蓑衣而得名。为了保全自己，避免被其他动物吞食，它们用柴捆树叶等将自己伪装起来。蓑蛾的唾液不仅能消化植物的叶绿素，而且还具有黏合性。当叶子溶解成稀液后，才能被昆虫吸收。这只蓑蛾面前叶子的镂空部分就是它的"杰作"。

蓑蛾体形大小不一，喜欢独自生活。这只蓑蛾钻进自己做的蓑袋里正在啃食嫩叶。它先把自己的唾液吐在嫩叶表面，将嫩叶溶解，待只剩无法溶解的叶脉时，然后开始吸食汁液。一旦外界有动静，它们立即停止进食，露出的小脑袋也缩进蓑囊里。等危险过后，它又背着蓑囊前行。蓑蛾一生都离不开蓑囊，无论走到哪里就带到哪里都要随身携带。有趣的是，雄性成虫有宽的翅膀可以飞行，但蛹壳留在蓑囊里；雌虫仍然保留幼虫的形态，把蓑囊当房子，一辈子宅在"家"里，待性成熟后靠头部分泌的性激素吸引雄虫前来交尾。

蓑蛾专吃植物的嫩枝叶，啃食完一段枝条后，又立即爬到另一条嫩枝上继续

枯叶蓑蛾幼虫

布袋蓑蛾

　　啃食，好像永远也吃不饱似的。这只枯叶蓑蛾虽然被夏天的大雨淋得浑身湿透，但它仍在继续啃食嫩叶，然而此时已有几只蚂蚁发现了它的存在，并开始发起了攻击。

　　布袋蓑蛾又称"吊死鬼"，是一种较大型的蓑蛾。它用自己的唾液把碎草秆截成适合做蓑囊的材料，然后分层有序地黏合在一起，并按照自己身体的形状吐出带丝的黏液来装饰蓑囊的内部，以便让自己的身体方便出入蓑囊。蓑蛾通过伪装来适应环境，与周围环境融为一体，从而躲避天敌、保护自己，真是让人惊叹不已。

像一捆干柴插在嫩草上

昆虫的丛林法则

蜘蛛和猎蝽正在争夺一只蝇子

没有车辚辚，亦无斑马鸣；战场无硝烟，争斗无声息。

看惯风月静，听惯虫歌声；春夏续秋冬，新岁又重生。

大自然中的战争既残酷又无情，其都是为了生存。昆虫之间的战争看不到金戈铁马、刀光剑影，听不到枪炮轰鸣；没有战书，也没有血流成河。但昆虫世界一直都存在弱肉强食，它们时常面临生存的危机，但也演绎着生命的精彩。

当走进昆虫的世界，与它们为伍，伴它们同行时，仔细观察它们的一举一动，慢慢品味它们鲜为人知、扣人心弦的生存故事时，一曲曲哀婉的诉说，一幕幕鲜活的画面，一幅幅血腥的角斗场景真实而生动地呈现在人们的面前。

蜘蛛和猎蝽正在争夺猎物——一只毫无防备的蝇子。它们边争夺边吸食这个食物中甜美的汁液。它们的口器像锋利的剑一样插进蝇子的躯体，然后把消化液输入蝇子的体内；很快，蝇子的内脏在生物酶作用下变成了液体，两个侵袭者美滋滋地饱餐一顿。饱餐之后，蜘蛛和猎蝽便分道扬镳了。现场只留下蝇子空空的躯壳，被风儿吹向远方。

你看，一只食虫虻逮着一只可怜的小蜜蜂。食虫虻把自己带刺的口器扎进蜜蜂的后脑部，将能溶解肌肉的消化液注入蜜蜂体内，让蜜蜂在生物酶的作用下变为能轻松地吸入体内的液体。

幼虫拟态自然界其他动物的模样但也仅能迷惑天敌，它们的进攻性很差，只要稍不留神，就会成为天敌的大餐。

食虫虻正在吸食一只可怜的蜜蜂

很多昆虫幼虫都能吐丝，它们用吐出的细丝把自己吊起来以逃避天敌捕食，但这只用细丝把自己吊起来的毛毛虫被它的天敌发现了，并被无情地撕咬，却无还手之力，虽然天敌的体长仅有它的 1/6。

捕食性蝽是贪婪的捕食者。只见它静悄悄地落在毛毛虫胖乎乎的身体上，随即把它那带刺的喙刺进毛毛虫的体内。毛毛虫来不及反抗就成了捕食性蝽的战利品。

同类相残在昆虫中是司空见惯的事。豆娘们身形轻盈，姿态妖媚，舞姿翩翩，一双迷人的眼睛泛着金色的光芒。它们吃蚊子、苍蝇和蠓类等昆虫，是人类的益虫。但是，当食物短缺时它们也会互相残杀。一只豆娘能把与自己同样大的同类吃掉，最后只剩下一对只有叶脉的翅膀。

体形硕大的毛毛虫正在被天敌撕咬

一只蝽正在吸食一只毛毛虫

一只豆娘正在津津有味地吞食另一只豆娘

螳螂的自相残杀在昆虫界是出了名的。它既好斗又残忍，表面上看它非常温顺，蜷着大刀似的两只前爪，像西方修道院里祈祷的修女。但是，螳螂敢挡车，敢捕蝉，还敢与蛇、老鼠和鸡一决高下，十足是个天不怕地不怕的家伙。

一只螳螂正在啃食另一只螳螂

看，这两只螳螂斗在一块，双方你来我往，只听"咔嚓咔嚓"的撕咬声不绝于耳，只见棕色螳螂瞅准机会紧紧地抓住绿色螳螂的腰部，绿色螳螂彻底没有了还手的机会，只能眼睁睁地等待被吃掉。最后，绿色螳螂被吃得只剩下两只翅膀。螳螂们都有两把厉害的"大刀"，"先下手为强，后下手遭殃"的现象在昆虫界真实地上演着。昆虫为了生存而各自施展绝技。

桑螵蛸与幼螳螂

螳螂的卵鞘

在每年的 8 月上旬螳螂进行交配，随后产卵。第二年五月，孵化出幼螳螂。有些种类的雌螳螂没有经过交配也能产卵，这种卵呈扁平形且不饱满，但它也能发育成个体，这称为孤雌生殖。螳螂是独行侠，雌雄有时很难遇在一起，因此雌雄交配并不容易，而且螳螂的成活率也很低。

螳螂的卵鞘又称桑螵蛸，是一味中药。雌性螳螂产完卵便毫不留恋地离开了。它往往把自己的卵产在向阳的强壮树枝或树干上，以便获取温暖的阳光。

经过严寒的冬天，到了次年 5 月初便有 200 多只螳螂若虫从桑螵蛸中爬出。它们来到这个世界上，开启了新的生命之旅。

当螳螂若虫从卵鞘孵化

幼螳螂从桑螵蛸中爬出

出来后，便各奔前程，此时在树枝上只留下一个空空的桑螵蛸壳。而螳螂若虫们此时要面临自然环境、天敌和饥饿的严峻考验。经过几个月的自然选择，真正能存活下来的寥寥无几，另外它们还要经过 3~4 次的蜕皮才能长为成虫。

各奔东西的幼螳螂们

为了观察螳螂孵出的过程，我把一枚螳螂卵鞘从山中带回家里，一直等到第二年的 5 月 3 日，才发现小螳螂们一个个从柔软的泡沫状的卵鞘里钻了出来。刚从雌螳螂的体内排出时呈一团细密的肥皂泡样，大约 10 分钟后就自动凝固为海绵泡团。螳螂卵鞘内有很多小房间，每个小房间都有 1 枚卵，相互隔开。螳螂妈妈产卵时会带出像棉花状的细丝，松软、保暖还有弹性。真是太奇妙了，亏得螳螂妈妈想得出来，不然漫长的寒冬，非把螳螂宝宝冻死不可。

螳螂孵化后，随着时间的推移，螳螂由浅棕色变成绿色。它们为了生存四处奔波，各谋生路。螳螂主要是以其他活的昆虫为食物，如苍蝇、蚊子、蚂蚱、蝴蝶、飞蛾等。缺乏食物时，它们之间也会自相残杀。

螳螂若虫

螳螂的蜕皮过程耗时也很长，大约 5 个小时。它先从背部的老皮裂开一道缝隙，翅膀慢慢脱出，然后伸出六条腿，最后头部缓缓脱出。蜕皮后的螳螂非常虚弱。这是螳螂最痛苦的成长经历，但也是必不可少的过程。为了拍摄螳螂蜕皮的整个过程，我在野外静静地等待了 4 个多小时。随着时间的推移，螳螂体内绿色液体流动不断加快，其翅膀也逐渐膨胀起来，它用嘴巴梳理那两把带刺的前足，显示其已涅槃重生。

已经长为成虫的雌性螳螂则各自忙着寻找自己的配偶。在严酷的自然环境中，它们为了生存和种族繁衍也不得不四处奔波。

正在蜕皮的螳螂

雌性螳螂成虫

深山 毒虫

在人迹罕至的深山，虽然山峦叠翠，景致迷人，却分布着鲜为人知的毒虫。除了人们熟知的毒蛇外，还有蜱虫、旱蚂蟥、蜘蛛，以及令人生厌的蚰蜒、千足虫、牛虻等。更有一种如针尖大小的毒虫，它的大小只有蚊子的 1/10，即使

拍照间隙

用 2∶1 的微距镜头也很难拍摄到它们，但它们的毒性比蚊子厉害数倍。被蚊子叮后，抹上清凉油很快就能止痒，叮咬处不会留下疤痕；而被这种小毒虫叮咬后几秒钟就会出现红色的扁平疙瘩，1 分钟后能扩大到直径 30 毫米大小且奇痒无比，此疙瘩能存在 1 周甚至更长的时间，消肿后还会留下一个疤痕。平时不痒，但只要想起它、碰到它，那些被咬处就像通了电流似的，立刻痒了起来，涂抹清凉油、风油精对它根本无效。这种毒虫能隔着袜子叮咬，让人防不胜防。

久居深山的人们提起它也是只摇头苦笑，脸上露出无奈而恐惧的神情。

左手臂上被毒虫叮咬处

它可不管你是粗皮的壮汉，还是娇嫩的小姑娘，一旦被叮，会让你痒上几天。

这些毒虫经过炎热的夏天，它们从幼虫发育为成虫，因其微小，几乎很难觅其身影。我身上曾有十几处被这

种毒虫叮咬过。

　　秋高气爽，我再次来到熟悉的山区拍摄昆虫。其实，我也早已做好了防范毒虫叮咬的工作。每当我发现一种漂亮的昆虫，无论是螳螂还是蝎蛉，抑或是蜇人的胡蜂及竹节虫，我都要蹲下来仔细察看。

　　这些昆虫通常躲在茂密低矮的草丛中，把自己伪装得很好，这更增加了发现它们的难度，而茂密的草丛也正是各种毒虫的栖身之处。拍摄昆虫一蹲就是几分钟，这也给毒虫提供了可乘之机。有时被拍摄的昆虫和毒虫好像达成了默契，故意躲起来，不让拍照，而毒虫则趁机叮咬，真是防不胜防。

　　蹲在昆虫繁多的草丛中，几乎是零距离地拍摄小虫子。手、胳膊、腿被叮咬十几处，几天红肿都未消退。2016 年，在深山我被蜜蜂蜇了三次：第一次右手被蜇，从手指尖一直肿到手臂，肿了 7 天；第二次手臂肿了 3 天；第三次手臂肿了一天一夜，可能是我已对蜂毒已产生了免疫。蜜蜂蜂毒对人体是有益处的，如可治疗类风湿等；而这些毒虫的毒素经常会对人体造成危害，严重时甚至有生命危险。

　　深山草丛里、林间小路上布满了各种各样的蜘蛛网，它们好像是突然冒出来似的。若不小心碰到，则脸上、手上、衣服上全是蛛丝。虽然它们不会咬人，但却让人们心理上充满恐怖。尤其当夜幕降临，

草丛中的蜘蛛

四周静下来的时候，风儿在呼呼地吹，同时夹杂着树叶沙沙的响声。鸟儿不时发出几声悲凄的叫声，更让人从心底泛起阵阵寒意。

螳螂 捕蝇

螳螂是个十足的肉食性昆虫，也是个冷酷的杀手。螳螂两只前足像两把大刀，也是它的绝密武器；它虽有翅膀，但不善飞行；两只硕大的复眼能环顾四周，白天呈绿色，晚上或光线暗时会变成黑色；清秀的三角形脸蛋常常能迷惑猎物，具有一副"慈善家"的面孔；它可以释放性外激素来吸引异性。

螳螂喜欢独来独往，通常它头朝下、屁股朝上趴在枝叶上等待猎物经过，两只复眼不停地环视四周，以活体昆虫为食。平时它把两只前爪收在胸前，好像对任何物体都不会构成威胁似的。这不，在一束鸡冠花上的螳螂正注视着一只送上门的苍蝇，而这只苍蝇只顾贪婪地吸食花粉，全然不知道危险就在眼前。

螳螂正注视着苍蝇

苍蝇是螳螂最喜欢吃的昆虫之一，但苍蝇善于飞行且动作十分敏捷，堪称"飞行冠军"，可是它仗着自己独特的飞行绝技，似乎并不把螳螂放在眼里。然而它却不知道，螳螂是个非常有耐心和身手极度敏捷的"冷血杀手"。

苍蝇正在美滋滋地吸食甜美的花蜜，不知不觉中靠近了等待多时的饥肠辘辘的螳螂。只见螳螂目不转睛地盯着眼前的猎物，待猎物靠近、再靠近，突然一道绿色的闪电刺向毫无防备的苍蝇，两只带锯齿的锋利前足已深深地刺进苍蝇那柔软的身体里，苍蝇还没明白怎么回事已成了螳螂的美餐。只见螳螂快速地咀嚼着，可能几天没吃食物了，一眨眼的工夫，整个苍蝇都进入

被螳螂逮个正着的苍蝇

螳螂正在享受美味

螳螂那并不算大的肚子里了，仅剩下苍蝇的一对翅膀。

　　饱餐之后的螳螂用它那锯齿般的前足清理着牙齿上的残渣，然后它又用口器把两只前足梳理干净，等待着下一个倒霉蛋的到来。

　　螳螂虽然凶残，对人类来说却是益虫，但它们的成活率很低，这需要我们很好地保护它们的生存环境。

螳螂用前足清理
牙齿上的残渣

聪明 的缝纫虫

因纽特人把两块鱼皮缝在一起做成鱼皮衣服以御寒防冻，这是它们生存的智慧。昆虫的裁缝技艺也不容小觑，如为了生存下来，它们把树叶卷起来，躲进去舒服越冬，真让人惊叹不已。

我来到白河的上游寻找秋天的昆虫，无意间看到一片卷起的毛桃树叶，叶色深绿而粗糙，叶脉清晰，卷面平整，于是我好奇地走过去，想一看究竟。这片卷起的树叶由几道白棉线似的黏丝连在一起，像卷筒一样，甚是好看。再仔细一看，白色的黏丝间距几乎相等，好像用尺子测量过似的。粘连得相当牢固，不用力还真打不开。出于好奇，我把这片卷叶摘了下来，把叶筒一圈一圈剥开，叶筒一共有四圈，每一圈都粘连得很紧密，好像是用棉线穿透叶片似的。剥离外层时，没有丝毫动静，难道虫子已经变成为蛹了？我向里继续剥离树叶筒，当剥到最后一圈时，突然爬出一条幼虫，它身体细小，呈浅绿色，身上还带着细丝，动作十分敏捷，用腹部足爬行，但不是像尺蠖那样一拱一拱地爬行，而是爬得很快，很快便爬到叶子边沿落到了草丛里。

昆虫用树叶将自己卷起来

仓促间我拿出相机给它拍照，结果只拍摄了一张虫子爬行的模糊照片。我看着消失的虫子，带着遗憾离开了。"缝纫虫"是怎样把比自身大许多的树叶卷成筒状的呢？需要多长时间？这些问题，我不得而知。小家伙的裁缝技艺，精妙至极，让我不能不为它的聪明所折服。

　　秋风起，树叶黄。昆虫此时也忙碌起来，雄虫忙着交配，雌虫急于

幼虫

叶筒

产卵。有的昆虫找偏僻处隐蔽起来准备度过严寒的冬天，有的昆虫用树叶把自己裹起来御寒，有的吐丝结茧御寒。总之，它们要为自己蓄积能量以度过难熬的数九寒天。

有趣 的叩头虫

叩头叩头再叩头，明盔黑甲亮风花；

蒙混过关保性命，动作诙谐俏嘎嘎。

　　叩头虫也叫磕头虫，属于鞘翅目叩甲科，身体扁平、细长，有一对圆圆的复眼，为完全变态昆虫。幼虫和蛹生活在地下，长为成虫后才在草丛、灌木丛以及潮湿地带活动。少数以啃食植物茎叶为生，同时它们也是食肉昆虫，主要吃地下蚯蚓和一些腐烂动物的尸体。平时在地下挖洞躲藏，夜间活动较多。一般雄性叩头虫的触角呈锯齿状，大约有 11 节；而雌性叩头虫触角呈线条状，比较细长，大约有 12 节。这些小家伙很有趣，动作让人忍俊不禁。我小时候就曾逮住过叩头虫，看到它们在地上快速地奔跑，就抓住它放在手里。当它被捉住时会弓着前胸、垂下头，然后再挺直胸膛扬起脑袋，发出"嘭嘭"的响声。这样的动作重复进行，就像在不停地磕头。只要不放它，它就一直磕下去，似乎永远也不知道累。有时它遇到危险也会仰面朝天，企图以装死的方式蒙混过关，待稍停片刻，没有危险后它立即翻身或胸背用力弹起，快速逃跑。其实，叩头是它对付天敌的招数，并不是为了好看和取悦别人。为了生存，昆虫都有自己逃生的妙计，无论动作是否优雅，只要能脱险就行。

　　叩头虫之所以被逮着时不停地叩头，是因为它们的前胸背板能活动自如，像拱形弹簧片，且前胸腹板中间向后还有一个突出的

黑色叩头虫

叩头虫停在叶面上

部分，当它们的头、胸向腹部弯曲时，这个突出的背板正好插入胸腹板前沿的一个沟槽中；当做仰卧动作时，前胸就将那个突出体弹出沟槽，并发出"嘭嘭"的响声，同时借力一跃而起，弹到很高的位置，待落到地面后立即逃跑。

我曾拍到一只全身发黑且有金属光泽的叩头虫，头扁扁的，为咀嚼式口器；两只小眼睛分布在触角旁边，视力不好。这个小家伙们虽然不善飞翔，却喜欢步行，跑起来非常迅速，转眼间就消失得无影无踪。

昆虫 的白化与真菌感染

　　动物的白化现象并不奇怪，那是动物性状被一对隐性基因纯合子控制的结果。表现得比较明显的，哺乳动物中如白色老虎、白色猴子、白色考拉、白色鹿等；爬行动物中的白蛇、白

真菌感染的象鼻虫

龟等。昆虫中也同样存在这种白化现象，但昆虫体形小，不易被发现。生物的进化，个体的遗传、变异和自然选择都会影响生物特性的变化，不过这种变化时间比较漫长。有的昆虫身体变白是被某种真菌感染而造成的，一般无法自愈。我有辛在山区拍到数种白化与真菌感染的昆虫，现给大家分享如下。

　　这只白化的象鼻虫，几乎全身都变白了，在山区也是比较难以见到的。象鼻虫属于鞘翅目昆虫，有坚硬的鞘翅，没有茸毛。受自然环境的影响，尤其是在潮湿的夏季，它极易被真菌感染。

　　另有一只白色的小甲虫，它已经被真菌浸染得面目全非，六条足正在被侵染，一动不动地趴在绿草茎秆上，翅膀已经变形，没有了生命迹象。

被真菌感染的甲虫

这只雌性豆娘，除了头部没有变白，其余都变白了，翅膀和背腹板上已结成疙瘩，这也是被真菌感染的结果。影响昆虫生存的因素有很多，如恶劣的自然环境，异常的气候，人类活动的破坏，疾病的

被真菌感染的豆娘

传播等，都是导致昆虫灭绝的因素。因此，人类要保护它们，使其和人类和谐共存。

这只变白的甲虫也感染了真菌，只有 10 节触须没有被感染。真菌不仅侵蚀昆虫的肌体，有时甚至会吞噬着昆虫的生命。这些被侵蚀的昆虫也会感染与它们接触的其他昆虫，使该病进一步传播蔓延。

这只蜘蛛变白也是因为感染了真菌。被感染的昆虫食欲明显减退。只要真菌没有侵入肉体，它们会及时蜕皮把被霉菌感染的外骨骼蜕掉，从而保全生命。

被霉菌感染的甲虫

被霉菌感染的蜘蛛

有的白化蜘蛛全身长有白色的茸毛。这一蜘蛛全身白色，身上有两条粉红色"八"字形条纹，黄色眼睛，两边有深棕色的粗条纹，似乎神圣不可侵犯。蜘蛛之所以会白化，是因为在它体内缺少合成黑色素的生物酶，那是昆

全身白化的蜘蛛

虫生命活动需要的蛋白质。在正常动物体内，一些苯丙氨基酸会转变为酪氨酸，再经过酪氨酸酶的化学作用才形成了黑色素；而在白化动物体内由于缺少酪氨酸酶而不能合成黑色素，才出现了白化现象。

一只瓢虫正在津津有味地吃着美味的蚜虫

在一株野山胡萝卜的花梗上，趴着一只美丽的七星瓢虫，它正在津津有味地吞食着可恶的蚜虫。山胡萝卜花在平地是极难见到的稀罕物，只有在深山才能领略到它们的风采。

初夏的微风多少还带着一丝凉意。风儿轻轻地吹着瓢虫的鞘翅，山胡萝卜花沐浴着初夏的阳光在迎风怒放；微小而众多的蚜虫正大口大口地吮吸着鲜嫩花儿的汁液，享受大自然的恩赐。

蚜虫是植物的大敌。一旦被蚜虫为害，嫩枝很快就会枯萎凋零，而蚜虫自己则膘肥体壮。

这时，突然来了一位不速之客，蚜虫偷偷看了一眼，这个大家伙是谁呢？仔细一看，原来是一只瓢虫。啊，大事不妙，但为时已晚。

瓢虫以蚜虫为生，它的到来是

蚂蚁爬到树茎上寻找食物

植物的福音，但却是蚜虫的灾难。只见它所到之处，大口地吃着蚜虫如风卷残云一般。

瓢虫正在享受美味，这时又来了一位搅局者——一只讨厌的蚂蚁，瓢虫连眼皮都不抬一下继续享用它的美餐。

蚂蚁在野胡萝卜花的茎秆上转了一圈。咦，原来有许多可爱的蚜虫，现在怎么只剩下两三只了？蚂蚁立刻意识到是瓢虫这家伙在捣鬼。它悄悄地来到瓢虫面前，闻到从瓢虫嘴里飘出的蚜虫气味，立即火冒三丈。不由分说它便向瓢虫发起了进攻。只见它狠狠地咬了一口瓢虫那坚硬的外壳，而瓢虫却若无其事地抬头看了看蚂蚁，继续享用它的美餐，根本没有把蚂蚁放眼里。看来，蚂蚁并没有占到便宜。

瓢虫在这个枝条上吃完蚜虫后，又飞到另外一枝有蚜虫的枝条上继续它的美餐。蚂蚁无计可施，只得爬到其他有蚜虫的地方。

这位不速之客在巡视胡萝卜花枝

蚂蚁向瓢虫发起攻击

蚂蚁狠狠地咬了瓢虫一口

瓢虫到另一个枝条上享受它的食物

　　眼看，瓢虫把另一根枝条上的蚜虫又吃了个精光。蚂蚁迫不及待地跑到有瓢虫的枝条上，刚刚被蚂蚁安抚过的仅剩的两只蚜虫也进了瓢虫的肚子。蚂蚁看着光秃秃的枝条，连一个蚜虫都没有了，虽然恼怒却无济于事。夏风在轻轻地吹着，山胡萝卜花随风摇曳着，瓢虫心满意得地磨着锋利的牙齿。

　　原来，蚜虫吸食植物嫩枝里的汁液，而它们排泄的蜜露正是蚂蚁的美食，距离很远也会被蚂蚁嗅到，所以蚂蚁不遗余力地保护蚜虫，而瓢虫是蚜虫的天敌，真是一对俏冤家。

神秘的昆虫幼虫

蚁舟蛾幼虫

　　自然界中的动物最不可思议的要数昆虫。它们分为不完全变态、完全变态。蝴蝶和蛾类都是完全变态昆虫，它们经历卵、幼虫、蛹和成虫4个阶段。它们幼虫的体形千奇百怪，让人意想不到。我在深山区拍摄到近百种夜蛾的幼虫。它们的长相怪异、形状奇特，有时还让人毛骨悚然、不寒而栗。但仔细观察，它们精巧的伪装，多彩的丰姿，让人叹为观止。

　　蚁舟蛾的幼虫白天爬在植物茎叶上一动不动，静静地等待黑夜的到来。但是，它们也不会坐以待毙，一旦遇到危险，马上会变出恐吓天敌的形态。只见它的尾部像蛇吐的信子，靠近光滑头部的四条足不停地挥舞。这种骇人的姿态、夸张的表情，让来犯者望而却步。

　　杨二尾舟蛾幼虫在吮吸嫩叶的汁液，头上很像戴着顶道冠，一旦危险出现时，它会从尾巴里伸出两根黄色的尾角，还释放出一股难闻的气味。危险过去时，它的两条尾巴缩得很短，趴在嫩枝叶上继续吸食汁液，体色和绿叶颜色融为一体，抓紧时间进食，为化蛹积蓄能量。

　　这只幼虫正在吐丝，渐渐变为虫蛹，准备用丝把自己包裹起来，然后羽化为成虫。当它吐丝将自己包裹起来时，也是它最没有抵抗能力的时候。只有自己的体色与周围的颜色完全一致，才能骗过天敌。它一边吐丝，一边把自己尾部的花纹显露出来，警告天敌。

杨二尾舟蛾幼虫处于警戒状态

尺蛾幼虫的身体展示出警示色。它不断地进食，也时时警惕着周围的动静。一有风吹草动，它会毫不犹豫地把正在进食的小脑袋缩进身体内。它的脑后会膨胀成眼镜蛇的形态，高高竖起，活脱脱是一条眼镜蛇。我的微距镜头。离它仅有 5 厘米远。看一条被放大的小虫子，就像一条很大的眼镜蛇出现在眼前，让我着实吓了一跳。小家伙伪装得太像、太逼真了，真是让人惊叹不已。

幼虫渐变为蛹

大灰蛾幼虫有着肥胖的身躯，硕大的尾巴，尖尖的嘴巴。仔细看时，它的眼睛上还黏着一只小蛾子，正在吸食它的眼泪，它肯定是极不舒服了。一旦有险情，它也顾不了眼睛难不难受，会把

尺蛾幼虫的警示色

尾巴胀得很大，身上的花纹也随之彰显出来，以警示天敌。

完全变态昆虫的幼虫，继承了前辈们变态的优良基因，使种群得以延续和发展。这只蛱蝶的幼虫也很奇特，头小尾大，尾部用来警示来犯者，头部的主要任

务就是进食。它的体色和周围颜色浑然一体，不仔细察看，还真是难以发现。

这种蛱蝶幼虫头上有四只角，活像一条小青龙。浑身绿色还有亮点，如同铠甲，蜷缩成U形，受到威胁时幼虫还把头伸向来犯者，张开嘴似乎要啃咬来犯者。它的牙齿十分锋利，既可啃食植物的叶茎，也能撕咬一些比它小的虫子。

大灰蛾的幼虫

蛱蝶幼虫与周围环境融为一体

蛱蝶幼虫向来犯者示威

　　蜘蛛织网，大家都很清楚。而蜘蛛捕蝉，见到的人就少了。个体小的蜘蛛，吐出的丝很细，张力不够，只能粘住蝇、蚊一类的飞虫；个体大的蜘蛛，吐出的丝就粗壮，张力就大。

　　蜘蛛的网有大有小，网眼疏密也有很大差别，而每个蜘蛛网都和人的指纹一样绝对不会重复。蜘蛛结网没有一定之规。大蜘蛛织网可横跨很大的间距，能逮住大的猎物；小蜘蛛结的网只能捕捉小型猎物。我见到有的蜘蛛网跨度达 4 米，而有的仅有拇指盖大小。蜘蛛网的强度比同样粗细的钢丝还要大，蜘蛛丝本身是蜘蛛体内分泌的一种蛋白，坚韧且具有弹性，吐出后遇空气立即变硬，其弹性和强度都远远超过人造丝，其表皮还有一定的黏度和弹性，无意间衣服碰到蛛网还会黏到衣服上，不易去掉。用显微镜观察，蜘蛛丝具有特殊的结构，是

蜕壳

由两种不同的蛋白质分子链交织在一起：一种呈直线状，可拉长 20%；另一种具有黏性，呈螺旋状，它可以拉长至原来的 4 倍长，起到包裹猎物的作用。蜘蛛是用肚脐喷丝裹住猎物，对小的猎物蜘蛛用爪推着它转动，若猎物大时则蜘蛛自己绕着猎物转圈，边转圈猎物边喷丝，把猎物裹紧，以免猎物挣脱。

春蝉

蝉，又名"知了"，只在盛夏的夜晚才从地下钻出来。幼虫也叫"雷震子"，在地下生活可达 3 年以上。幼虫蜕变为成虫之前，先拱出地面，爬到周围的树上蜕去外壳，很快变为成虫，但只能活半个月左右。它们的任务就是寻找异性交配。鸣叫，是雄蝉向雌蝉发出交配的信号。成年雄蝉通过它腹部的两片薄鼓膜振动而发出响亮的叫声，成年雌蝉一般不会发音。

根据出土的时间，可分为春蝉、夏蝉和秋蝉。它们的鸣叫声音各有不同，各具特色。春蝉和秋蝉的体形比夏蝉小 1/2，但是它们的鸣叫声并不比夏蝉弱。春蝉的叫声很独特，"必、必、必、必、必、必、必"连叫七声后又叫一声比较长音"必——"，然后才停，然后接着继续重复上面的有节奏的鸣叫声音。夏蝉声音高亢单调，知了、知了……。秋蝉声音尖细短促，"秋了、秋了……"，也是有节奏的鸣叫。人们通过叫声辨别出它们。

体态大的蜘蛛喜欢把自己的网编织在空旷而高大的物体之间，以便逮到大型的飞行昆虫。

这一蜘蛛体形较大，网丝较粗。一只路过的蝉，不幸撞上它早已结好的蜘蛛网里，它的头上还趴着一只苍蝇，真是运气欠佳。

蜘蛛看到猎物立即用它粗壮的丝把这个倒霉的家伙缠紧并注进毒液。很快，它就成为蜘蛛的一顿美餐。

蜘蛛捕蝉

神奇的完全变态

蛱蝶的幼虫

幼虫奇丑无比，成虫美若天仙；同是一副身躯，何以天壤之别？

生理基因作梗，个体细胞变异；虫体表皮会变，内脏奇迹出现。

昆虫从幼虫蜕变为成虫，真是脱胎换骨的变化。蝴蝶、夜蛾、蚁蛉、瓢虫等，成虫色彩斑斓、美丽俊俏，幼虫却非常难看，甚至是丑陋无比，无论如何也不能将它们的幼虫和成虫联系起来。

昆虫的幼虫身体很软，体内没有骨骼，外观十分丑陋，表皮褶皱，但是它们的成虫有外骨骼、翅膀，可以在空中翩翩起舞，或在大地上尽情驰骋。

昆虫幼虫善于伪装，或体表与周围的色彩融为一体，或外表酷似天敌恐惧的模样。它虫体光滑，在胸部第一节背面

凤蝶的幼虫

蛱蝶的幼虫

明窗蝴蝶

有橙色分叉的臭角，受惊吓时会突然伸出并散发臭气以驱赶天敌。

蚁狮是以蚂蚁为主要食物的完全变态昆虫。体长大约 10 毫米，呈扁椭圆形，具六条带茸毛的细腿，从上面只能见到前面四条足，后足始终缩在腹部下面不露出来，只在倒行时才滑动后腿。它的大颚就是它的主要武器。

经过 2 ~ 3 次的蜕皮，每年 6 月底，沙滩里的蚁狮开始吐出黏丝把周围的细沙粘在一起，做成球状沙质茧把自己裹起来，与沙地融为一体，等待蜕变。

蚁狮的蜕变需要一个安静的、没有任何打扰的环境。因此，它精心裹成的球状沙质茧就是最好的场所。

幼虫在沙质茧内经过一段时间，会蜕变为蛹。蛹进一步羽化具有 6 条腿、2对翅膀、1 对触角的成虫；尾部蜕变为腹部和内脏。外表皮可以变成坚硬的爪，也可以变为柔软易弯曲的腿部关节、体节膜以及昆虫呼

沙滩里的蚁狮

准备吐丝做沙质茧的蚁狮

蚁狮的沙质茧

吸系统和消化系统、生殖系统和皮肤腺体的排泄管，还可以变成纤毛、刚毛、体外鳞片。

　　从裂开的沙质茧中可以明显看到，蚁狮蜕掉的外皮及残存的卵胞衣。当蚁狮从蛹蜕变成蚁蛉后，它会用坚硬的大颚咬破沙质茧钻出来，触角、乌黑的眼睛、褶皱的翅膀和躯干都逐渐露出来，数分钟后它们的翅膀在空气的作用下变硬、舒展开来。不久它便可以展翅飞翔，寻找异性交配，完成生命中的最后阶段。

蚁狮羽化过程

蚁狮的沙质茧

蚁狮从沙质茧中羽化出来

罕见的绿腹宛蝇

一说到蝇子，很多人会浑身起鸡皮疙瘩，似乎它们是肮脏和传染性疾病的代名词。其实，常见蝇子有 400 多种，但其中有许多是益虫，它们有的能为花儿们传授花粉；有的能消灭害虫，如食蚜蝇；有的能控制野草的蔓延；即使是令人作呕的粪苍蝇，也能使土壤中的有机营养成分循环再利用。对于蝇子，我们要区别对待，不能一概而论，毕竟那些会污染我们食物的蝇子只是它们中的少数。本章给大家介绍的蝇子，是绝大多数人都没有见过的稀有品种——我给它取名"绿腹宛蝇"。

这种蝇子的特殊之处并不在于它有多漂亮，也不在于它有多优雅，而在于它翠绿色的腹部，它的翅膀下面有一对绿色的飞行平衡棒。它是一种能给花儿传粉的益蝇，同时它还能吞食蚜虫。它那翠绿色的腹部就像一块透明的绿宝石镶嵌在它的翅膀底下，两个翠绿色的平衡棒鲜明地插在"绿宝石"上，显得格外明亮。

与它邂逅，是在一个初夏的五月，当时雨水格外多。天一放晴，我就来到南阳理工学院张仲景药用植物园拍摄昆虫。这里环境优美，空气清新，还有众多的昆虫，常常让我流连忘返。这里的园丁们早已与我建立了深厚的友情，他们只要发现了特别的昆虫就会与我联系；我也眷恋着这里的花花草草，在这里拍摄了许多有趣的虫子。

植物园内 30 多亩肥沃土地上，上百种枝繁叶茂的中药草已开出鲜艳的花朵。有橙红色的红花、黄色的雪菊、紫色的地黄花、白色的当归花，还有灯塔形的夏枯草开着的浅紫色的花朵……各种花朵不断释放的芳香弥漫在空气中，沁入心脾，吸引着游览的人们，更引来众多的昆虫。

多年来对昆虫的拍摄使我积累了一些实战经验。我在拍摄时特别注意，不但要拍好昆虫的外貌，还必须拍出昆虫美丽、动人的活动情景，把美和真实的意趣展现出来。很巧，一只虫子飞到我正在拍摄的当归的白花上。从微距镜头中我清晰地看到它是一只蝇子，继续仔细观看后，我发现它非常奇特。它漫不经心地舔食着当归花蕊，眼睛、腿和翅膀上都粘满了花粉，显得十分滑稽。再仔细一看，它的肚腹竟翠绿得像块绿宝石。我已拍摄过许多不同种类的蝇子，但这种蝇子还从没有见过，它很可能是一种稀有的新物种，于是我给它起了个名字叫"绿腹宛蝇"。

南阳地处北纬 33°，这里有许多奇妙的昆虫、花草等待着人们进一步去发现。

绿腹宛蝇（摄于张仲景药用植物园）

罕见的螳螂自我疗伤

两只螳螂在追逐

　　昆虫在极其恶劣的自然环境中生存，意外受伤和生病都是难以避免的，那它们是如何应对的呢？这是人们不懈探究的一个课题，对仿生学的研究也有很大帮助。经过亿万年来的生物进化，昆虫各自都有一套自诊自疗的医病妙方，其中有很多是我们不知道或知之甚少的遗传本能，让它们得以繁衍生息。

　　螳螂是一种好斗且凶残的昆虫。它不仅用胸前两个锋利的带齿的爪子去攻击其他动物，以猎取食物，甚至还以自己的同类为食。众所周知，螳螂在饥饿时和交配后会吞食同类，而螳螂会自我疗伤却鲜为人知，也很少会引起人们的注意。深秋时节，我曾有幸用数码照相机拍下了自然环境中螳螂捕食同类和极为罕见的螳螂自我疗伤的真实场景。

　　在南阳理工学院张仲景药用植物园的一处败酱草种植园中，深秋的风儿晃动着黄花黄秆的败酱草枝条，在金灿灿的阳光照射下，浓浓的草药味不时地散发到空气中。此时，有两只螳螂在枝条上一前一后追逐"嬉戏"，一只是浅棕色的棕污斑螳螂，另一只是绿色的广腹螳螂。螳螂是吃活食的昆虫，平时还能忍饥挨饿，但在饥饿到了极点时什么事情都可能做得出来。

这两只都是雌性螳螂，在败酱草枝条上追逐。猛一看觉得它们是在追逐玩耍，殊不知，有一只已经饿极了。

据我的观察，一般情况下，成虫螳螂只要一碰面都会主动避开对方，弱者会马上溜掉。而这次，

棕污斑螳螂正在嚼食广腹螳螂

两只螳螂的追逐似是在嬉戏，突然，那只棕污斑螳螂好像几天没有进食的饿狼一样扑向毫无戒备的广腹螳螂，用它带锯齿的前爪狠狠抓住了广腹螳螂的脖颈和腰间的要害部位，然后用它那锋利的牙齿贪婪地啃咬广腹螳螂的身体和颈部。广腹螳螂被棕污斑螳螂从背后捉住，根本没有还手之力，浑身招数一点儿也施展不出来，只有六条腿在空中乱抓。只一会儿工夫，那只可怜的广腹螳螂就一动不动地任人宰割了。棕污斑螳螂如愿以偿，贪婪地吞食着同类，很快便把广腹螳螂吃掉了 1/3，四周一片寂静，只听见"咔嚓、咔嚓"的细微咀嚼声。

广腹螳螂腰部的伤口已明显裸露出来。此时，旁边一位种草药的花工师傅看到这残忍的一幕，不忍心让它们同类相残，就把那只棕污斑螳螂放到另一株败酱草枝上，想救广腹螳螂一命，但意想不到的场面出现了。

这只广腹螳螂，一动不动地待在原地，生命危在旦夕。在被棕污斑螳螂啃食后，广腹螳螂的伤口并没有任何变化，只是一只翅膀耷拉着，另一只翅膀维系着已残缺不全的身体。

广腹螳螂腰部被咬伤

大约经过3个小时的观察，我惊奇地发现广腹螳螂严重受伤的脖颈与腰间涌现出深绿色的液体。它的一只翅膀像创可贴一样贴敷在伤口上，而且充满了绿色液体。可见，广腹螳螂在受到外

受伤惨重的广腹螳螂无助地在枝条上挣扎

伤时会分泌出深绿色的体液，能在伤口部位凝结，形成一道防止病菌感染的屏障，并促使伤口快速愈合。为了生存，这只受伤严重的螳螂还用自己带锯齿的前臂扑倒了一只倒霉的小蝴蝶，但它已没有能力吃到蝴蝶，因为它受伤太重了，可就算这样它仍存活了5天。这是昆虫自身免疫力在起作用。

　　螳螂是一年一代的短命昆虫，每年到了寒露、霜降的节令，螳螂就不再吃任何食物，而是各自躲藏起来，静静地等待生命的终结。快死的螳螂身体会逐渐变成黑色。当年生的螳螂无一能避开这一厄运，这是它们不可抗拒的生命法则。雌

伤残的广腹螳螂挣扎着逮住一只蝴蝶

广腹螳螂的伤口处出现深绿色的液体

交配中的螳螂

　　螳螂产下的卵要等到来年 5 月春暖花开时节，经过阳光、雨露和风的综合作用，新生小螳螂破蛸而出，然后开始生命的新征程。

　　每年的 8 ~ 9 月是螳螂寻找伴侣的大好时光。雌螳螂在性激素的作用下，体内散发出特殊气味，通过空气传播到四周。一旦没有交配的希望，雌螳螂便会进行孤雌生殖。但雌雄螳螂若相遇，则会进行交配。交配后，雌螳螂若不饥饿，就不会吃掉雄螳螂，而会与它分道扬镳。

外形奇特的蝎蛉

雄性蝎蛉

昆虫的形态可谓千奇百怪，那是大自然赋予它们的护身符，是它们赖以生存的法宝，也是它们区别于其他动物的标志。

尽管昆虫大多体形很小，但它们数量众多，为地球增添了活力和朝气。它们是所有生物赖以生存的食物链中的重要一环，千万不可低估它们的存在。

有一种大眼睛、长嘴巴，具有细丝状触角，尾巴酷似蝎子的毒螯，威武雄壮、形象别致的昆虫，叫蝎蛉。虽然只有 10 毫米长，纤细，体小，但它可是典型的食肉昆虫。它向下的原始咬合式口器与身体成直角，形成喙状结构，具有发达的复眼，通常还有 3 只单眼，像神话中二郎神的三只眼，始终窥视着周围的动静。它属有翅亚纲长翅目昆虫，飞行起来看着有些笨拙。长翅扇动起来还呼呼带风。它的微红色尾巴极为特殊，像蝎子的尾巴，这也是它被叫作蝎蛉的原因。其实，它的尾巴并不是蜇人的武器，而是雄蝎蛉的外生殖器，那是它们在拟态蝎子，用以保护自己。高翘的尾部、发红的颜色更是吸引雌蝎蛉的"金字招牌"。当雄蝎蛉性成熟后，尾部会膨胀，释放出雄性激素散发到空气中。雌蝎蛉嗅到后会主动循着气味寻找并飞到雄蝎蛉的身边。

蝎蛉在吃蚜虫

雌蝎蛉没有高翘的尾部

雌蝎蛉温顺腼腆，浪漫多情，会千方百计地讨好雄蝎蛉。雄蝎蛉会释放出浓浓的荷尔蒙，姿态躁动，却体贴而又温文尔雅。有些蝎蛉在准备交配时还会互送礼物，这礼物可能是一只苍蝇，也可能是一只蜘蛛，它们一般是不会空手见面的。往往以雄蝎蛉携带礼物居多。浪漫多情是蝎蛉独特的交配方式。它们的交尾常反复多次，为了多产后代，雌蝎蛉更是会不止一次地交尾。

蝎蛉喜欢生活在凉爽潮湿的环境中，是一种敢于冒险的昆虫。为了获得异性的芳心，它们不惜以生命为代价到蜘蛛网上偷蜘蛛的食物，甚至没有防备的蜘蛛也会成为它们馈赠给对方的礼物。它们会

黑头雄蝎蛉

把食物送到异性的面前，以得到异性的青睐。

蝎蛉有近 500 种。图中的黑头雄蝎蛉，头部黑，触角黑，尾巴微红。

蝎蛉的幼虫和成虫都以植物和其他昆虫的尸体为食物，或捕食活体昆虫，有时也吃花粉、花蜜和花朵。

昆虫也有暂时的领地意识。蝎蛉每到一处，都将其作为自己的领地。那里是它们觅食的餐厅，也是它们吸引异性的场所，它们不希望被别的昆虫侵扰。

往往不同种类的昆虫相遇后，它们的警惕性都很强。当蝎蛉与褐盾椿象相遇时，它们会互相防备，哪一方麻痹大意都可能让自己成为对方的战利品。

两只蝎蛉正在交配

对峙中的雄蝎蛉与褐盾椿象

　　昆虫的变态性和奇特的外貌，都是为了生存而适应环境的结果。

雄虫为何交配后不久便死去

两只沫蝉正在交配

　　昆虫虽小，但它们也是有生命的动物，因此同样要经历生老病死。如果不深入观察了解和细致研究，我们很难知晓它们的秘闻。如蝉在盛夏雌雄交配后，雄蝉便死去，雌蝉要找合适的树产卵，为繁衍后代做准备。而有的昆虫如雌草蛉、雌黄蜂，当年受精后还能再度过一个严冬，到了第二年春天，它们还会继续产卵。

　　雄蝉腹部有两个会震荡的薄膜发音器官，会发出鸣叫，以声音吸引雌蝉的注意。雌蝉腹部有一个听觉器官，非常灵敏，但它没有发音器官。当它们相遇后，只要情投意合，就会相互交配。交配后便各奔东西，此时的雄蝉几乎耗尽了体内蓄积多年的精力。要不了几天，雄蝉

夏天的蝉

黑甲虫

三只叠压在一起的姬蜂

便掉到地上，再也飞不起来了。

像左上图中三只姬蜂叠压在一起的场景极其难见到。最下面那个体形较大的是雌姬蜂，上面两个体形较小的是雄姬蜂。姬蜂的雌雄易于辨认，通常雄性的身体较瘦小，雌性的体形较肥大，尤其腹部更是明显大于雄性。雄姬蜂交配后也很快便死去，留下雌性姬蜂独自在翌年四月筑巢产卵，繁育后代。

右上图中这只雌黑甲虫体内的卵子已经把它的腹部撑得很大了。它因急于交配而散发出大量雌性激素，用以吸引众多雄性的到来。此刻，已有 3 只雄黑甲虫循着气味而来。雌黑甲虫可以多次与多个雄黑甲虫交配。凡是与雌性交配后的雄黑甲虫，过不了几天也会死去。

雄沫蝉头上有个明显的橘红色肉冠，而雌性没有。这种沫蝉比较少见。它们常在夜间活动，飞行速度较慢，神态悠闲。雄性飞舞时头上的小红冠十分明显，能招引雌性。遇到危险时它们会自动掉到地面上装死。雌雄交配一般历时一个多小时。交配后的雄沫蝉很兴奋，爬行的姿态却没有雌沫蝉活跃。由于它们太隐蔽，又身处山区，所以人们很难发现它们的踪迹。

秋季是蚂蚱交配的季节，此时它们非常活跃。"秋后的蚂蚱，蹦跶不了几天了。"这是对它们的生动写照。交配后，它们也就各自走向生命的尽头，只留下雌性产在地下的卵，经过一个冬天后孵出幼蚂蚱。

两只正在交配的蚂蚱

雌叶甲体形庞大，性欲强。雄叶甲小些，但是它的生殖器官大而长，伸出体外几乎占体长的 1/3。我拍照时简直不敢相信自己的眼睛。它们边交配边爬行，不时停下来，观察周围的动静。经过近两个小时的交配，它们才分道扬镳。雌叶甲非常亢奋，雄叶甲则马上消失在树叶下面。旁边还有一些正在活动的叶甲，各自寻找着自己的欢乐。

雄叶甲特殊的外生殖器

交配中的叶甲

斑蝥是种好坏参半的昆虫，它既是一味治疗癌症的良药，又是为害植物的祸首。下页图中上面体形较大的斑蝥是雌斑蝥，下面体形较小的是雄斑蝥。雌斑蝥往往性成熟早，会释放雌激素以吸引异性。雄斑蝥嗅到雌激素，会循着气味找到雌斑蝥，进行交配。交配后的雄斑蝥还会再找下

交配中的斑蝥

一个雌斑蝥进行交配。

只要到了性成熟期，它们就会找异性交配。雄性比雌性体小灵活。它们的交配时间短，不过雌性会把自己的卵产在粪便里隐藏起来，同时粪便也是幼虫的临时食物。

绝大多数昆虫在冬天到来之前就死去了，只有少数雌虫幸存下来。它们产的卵经过一个严冬后，在春暖花开时才孵出幼虫。昆虫几乎都是独来独往的，只有到了性成熟时，它们才可能走到一起，成为配偶。所以，碰到难得的相遇机会后，动物本能的释放极其强烈，雄虫体内蓄积多时的精子会几乎全部释放出来；而雌虫需要大量产卵，以保证物种的繁衍。

采花粉的熊蜂

昆虫头上两只角，无线发射与接收。

独具风骚为绝招，离奇有趣雄赳赳。

昆虫头上都有一对显著的触角，有的较短且具芒，如蝇类的触角；有的呈线形且很长，如蟋蟀、蝈蝈等的触角；有的呈鞭状，如蚁蛉等的触角；有的呈竹节状，如天牛、蝴蝶等的触角；有的像人们梳头用的篦子，如某些夜蛾等的触角；有的如膝状，如胡蜂等的触角；有的形如刚毛状，如豆娘、蜻蜓等的触角；有的如环毛状，如摇蚊等的触角；有的如鳃状，如雄金龟子等的触角。由于昆虫种类太多，触角形态各异，此处略列几例进行说明，以便大家对昆虫的触角有个基本的认识。

昆虫的触角也各有自己的妙用。熊蜂的鞭状触角有9个节，具有嗅觉、

帅蛱蝶的鞭状触角

触觉、听觉等功能，飞行时还能起到平衡身体的作用，能随时纠正可能偏离的方向。蝴蝶的鞭状触角除了起传递信息的作用外，还能在飞行水平面上震动以保持正确的飞行方向，平衡运动姿态。蝴蝶的触角是一种自带的天然导航仪，能使蝴蝶在飞行中不

白袍夜蛾的触角

至于迷失方向。雌雄蝴蝶也会通过触角表达对情侣的爱意。

夜蛾的触角也能在水平面上震动，以保持正确的飞行方向，是一种天然导航仪。夜蛾在漆黑的夜晚依靠复眼、触角觅食，寻找配偶，并且有趋光的本能。它们能在同月亮保持固定的角度时朝一定的方向飞行，从而完成长途迁徙，其中复眼与触角起了决定作用。

天牛的触角黑白相间，根部稍粗，顶端较细，在飞行时能起到平衡飞行姿态的作用。

丽绿刺蛾头顶、背部呈绿色，腹部背面呈黄褐色，前翅绿色，外缘具深棕色宽带。它的触角呈篦子状，是最主要的嗅觉、味觉器官。在飞行时触角还能起到平衡身体和辨识方向的作用。

丽绿刺蛾

桃红颈天牛的竹节状触角

蜻的卵

昆虫的生长过程一般要先后经过卵、幼虫、蛹及成虫四个阶段。有的昆虫由卵蜕变为幼虫后，还要经过多次的蜕壳才能成为成虫，完成雌雄交配，繁衍后代。螳螂就是先由卵孵化为幼虫，幼虫蜕掉几次外骨骼再成长为成虫的。不同昆虫的卵形状也不同，有的卵体形较大，有的却很小，昆虫变态有不变态、变态、半变态、完全变态之分。

上图中是一种蜻的卵，每枚卵上都有 13 根细细的茸毛，体几乎透明，排放有序，在阳光的照耀下显得格外晶莹剔透。它们是刚诞生不久的新卵，要在适宜的温度和湿度下才能孵化出幼虫，还要经过多次的蜕皮才能长为成虫。

雌草蛉产的卵要经过十几天的孵化才能蜕变为幼虫。当卵孵化出幼虫后，它们会沿着外壳下面细细的直丝滑下来，去寻找食物。刚从卵里爬出来的小草蛉全身发黑，经一次蜕皮后呈现淡绿色。

下页图中叶甲的卵，排列得很整齐，有 24 枚。由于虫卵暴露在自然环境中时不确定的因素有很多，不少昆虫一年中要产几次卵，以确保更多的后代能存活下来。卵经过十几天的自然孵化，幼虫几乎同时出壳。出壳后它们各奔东西，走向自然

一种小草蛉的卵

叶甲的卵

的怀抱。其中的大多数卵因环境、天敌的因素会早早地夭折，真正能存活下来的很稀少。

蚜虫孤雌生殖直接胎生，其繁殖力非常惊人，一只蚜虫一次产5~6只卵。环境适宜时，它们可以几天一代，一年可达10~30代。怪不得它们是植物的大敌，即使天敌再多也消灭不及。人们只得用灭虫剂杀灭它们，但同时也伤害了益虫。

小粉蝶的卵非常小，几乎难以看见，它们往往被产在隐蔽的枝叶或不显眼的角落里。

雌叶甲摆动尾部把卵有

刚产下21只卵将要离开的叶甲

刚孵出幼虫的叶甲

象鼻虫的茧

蚁狮的茧

刚产完卵的雌螳螂

序地产下后，头也不回就走了，再也不来照顾它的后代。有的另找新欢，有的已经走到生命的尽头。

　　大部分昆虫的卵很难被发现，况且卵和成虫很难对得上。象鼻虫有着特别的产卵方式，它们雌雄配合把一片树叶卷起来，卷成球形，然后雌虫会在树叶上咬个小洞后再把卵产进去。

　　每年的八九月份是螳螂交配和产卵的黄金期，但野外螳螂的产卵过程十分难以见到。不同的螳螂产出的卵鞘即螵蛸也不尽相同，有的是棕色，有的是灰色；有的表面光滑坚硬，有的表面柔软。

　　大约有一百只螳螂幼虫争先恐后地从一个桑螵蛸里钻出来，然后各奔东西。

每年5月初幼螳螂从卵鞘里孵化出来

　　动物能够站立行走，依靠的是体内骨骼的支撑、大脑的有序指挥、体内细胞的充分调动。昆虫体内没有骨骼，它们靠体外骨骼支撑身体行动。有的昆虫还要经过蜕皮，蜕出坚硬的外骨骼后才能转化为成虫。

蚜虫把嫩绿的树枝围得水泄不通

小蚂蚁与蚜虫

蚂蚁，长着大颚，有六条纤细的腿和一个会翘的肚子，是司空见惯的小昆虫。我们就说一下蚂蚁和蚜虫的"情缘"吧。

蚜虫是植物生长的大敌，它的俗名叫"腻虫"。春寒料峭，大地还没有完全苏醒过来，草木刚刚吐出嫩绿的小芽，可恶的蚜虫就已经捷足先登了。蚜虫，它们是粮、棉、油、麻、茶、烟草、果树等作物和花草的害虫。它们的繁殖力十分惊人，一年中仅生存几个月就能繁殖 10~20 代，且能孤雌繁殖，雌蚜虫不需要与雄蚜虫交配就可连续生育后代。蚜虫分有翅蚜虫和无翅蚜虫两种。当食物匮乏时，无翅蚜虫也会长出翅膀飞到嫩植物上取食。它们对植物的伤害十分严重。蚜虫不但刺吸植物的汁液，而且分泌出一种透明的蜜露，能阻滞植物叶片等正常的生理活动，严重时会导致植株的枯萎甚至死亡，这种蜜露是蚂蚁的所爱。

蚂蚁从来不是"省油的灯"，它不但不保护植株的生长，为了自己的私欲甚至还帮助蚜虫吸食更多植株的汁液。它们通过给蚜虫按摩，促使蚜虫排泄更多蜜露供自己食用。蚜虫也因此会更加起劲地吸食植株的汁液，使受害植株雪上加霜。

黄色透亮的蚜虫在蚂蚁的挑逗下排泄出蜜露。蚂蚁吃完一只蚜虫的排泄物，紧接着再舐食另一只蚜虫的排泄物，它像弹钢琴一样，挨个舐食着蜜露，直到吃饱肚子。

　　当蚜虫所在植物上的嫩枝叶枯萎，没有了新鲜汁液时，蚜虫将没有食物可吃。此时，一部分长大的蚜虫会长出翅膀飞到另外一些嫩枝叶上取食。而那些还未长出翅膀的蚜虫很可能会饿死。此时蚂蚁可就要来帮大忙了。经常吃蚜虫排泄物的蚂蚁会爬到蚜虫密集的枝条上，从体内释放出能招引蚜虫的气味，引导挨饿的蚜虫爬到自己的身上。然后，把它们带到它预先找好的一处嫩枝叶上或花苞上，充当了"好心"的义务交通工具。为了各自的利益，蚂蚁和蚜虫配合得十分默契。

有翅蚜虫和无翅蚜虫都在吸食初春的嫩枝

蚂蚁正在吸食蚜虫排泄的蜜露

这只蚂蚁的腰背间趴了许多蚜虫，它将蚜虫带到了嫩枝丰富的植株上

图中这只蚜虫大概几天没有吃嫩汁液了，实在排不出蜜露。蚂蚁可不干了，前后夹击，要让它排出蜜露。蚜虫想逃跑也没门儿。

两只蚂蚁争着为逃跑的蚜虫按摩，以便让蚜虫快点排出蜜露来

世间的事物总是一物降一物。瓢虫专吃蚜虫，它们是植物生长的好帮手。瓢虫自幼虫时期就以蚜虫为生，尽管它们各自为战，但从来都对蚜虫不留情面，非要把嫩枝上的蚜虫吃个精光方才罢休。

蝎蛉也是消灭蚜虫的能手。蝎蛉吃起蚜虫来，就像扫帚扫地一样，所到之处把蚜虫"扫"个一干二净。蚜虫只要嗅到蝎蛉的味道，便开始隐藏起来。蝎蛉在平原地区十分稀少，只有在深山区人们才能见到它们活动的身影。

蝎蛉、椿象两个小家伙遇见了，它们井水不犯河水，只是互相对视，不会发生摩擦和不愉快。

草蛉也是专吃蚜虫的昆虫，它们所到之处蚜虫无一幸免。当蚜虫隐蔽在嫩枝

一只吞食蚜虫的蝎蛉偶遇一只椿象

尽管有些椿象是植物的害虫，有时它们遇到蚜虫也会吃上几只，换一下口味

的深处，草蛉的口器够不着时，草蛉会用前附肢把蚜虫拉出来。雌草蛉喜欢在蚜虫密集的地方产卵，这样幼虫一旦孵化出来，就能立即在附近吃到美味的蚜虫，不愁没有食物。

　　生物之间奇妙的食物链，一环扣一环，低等的昆虫是各种鸟类的美食，昆虫自己会调节各自的数量。人类要持续发展，就要尊重昆虫的自然选择，少用或不用农药来加害这些"精灵"，而让它们自我调节以适应环境。

迷彩昆虫飞机

雄叶蝉

迷彩服装真漂亮，形似飞机舞姿爽。

蛾装花朵草丛行，双翅翩翩游娴静。

稀少的昆虫本来就十分罕见，叶蝉则更少见。即使在深山区，也难得一见。

上图中的叶蝉像一架彩色小飞机悠闲地停落在绿叶"机坪"上。这种昆虫飞翔起来，十分好看。一对扇动的翅膀是它前进的动力，翘起的后尾翼控制着飞行方向，它时而盘旋，时而爬升，时而悠闲地停在空中。空气动力学在它身上表现得淋漓尽致。它就如一朵美丽的花儿，在草丛、树叶间穿梭徜徉，无声无息地活跃在自由的天地之中。

叶蝉头上的两只触角如同飞机的无线电天线，可以探测空气的温度、湿度、风速和风向；两只明亮突出的大眼睛，很像飞机的探照灯，能照亮前方。这个小家伙的口器属于刺吸式，双翅没有平衡棒。两只复眼间隔较宽。

雄叶蝉，体瘦，腹部较长，体长约 12 毫米。它们数量很少，白天活动，既吞食嫩汁液，也采食花粉，属于杂食性昆虫。叶蝉有 7 节腹节。雄叶蝉腹肢呈深棕色，翅膀花纹细，色彩鲜艳，尾后端呈深黑色，尾翼高翘，十分像飞机的后尾翼，有吸引雌性的作用，区别于雌叶蝉，飞动时也能起到舵翼的作用。雄叶蝉飞行速度较慢，飞行时六条足缩在腹部。

雌叶蝉

雌叶蝉体形粗壮，飞行速度较慢。体长大约 10 毫米。翅膀比雄叶蝉宽厚，花斑较暗淡，没有翘起的尾翼。尾巴有两个粗短的尾须。双翅花斑点点，大翅上各有两块三角形蓝色斑块，两只小后翅各有两块蝶形蓝棕色相间的花纹。

据我的观察，此种叶蝉以叶汁为食，偶尔也飞到花丛中。它们在夏季交配，大部分是在白天活动。它们隐蔽性较强，警惕性高，遇到危险会立即躲藏在周围的草丛或树叶背后。

我很想拍一张叶蝉飞舞的照片，但由于微距镜头仅能离开昆虫 5~10 毫米，它们瞬间飞起来后就会超出取景器的画面框，即使录像也是模糊的。我只能遗憾地作罢。

桑天牛

天牛——天生的害虫

天牛的种类比较多，它们的共同特征是都有两条很长的触角、锋利的大颚和坚硬的鞘翅，它们是名副其实的树木害虫。天牛喜欢在柳树上打洞，因为柳树木质松软。天牛的长触角呈鞭状，鞭节有 9~10 节，端部细，基部粗。它的大颚十分厉害，咀嚼能力很强，人的手指头如果被它咬上一口，马上就会流出血来。天牛遇到危险时会发出"吱吱"的尖叫声来威胁侵犯者。它们为了快速成长，每年要蜕掉 2~3 次坚硬的外壳。

上图中的这只桑天牛，鞘翅呈灰黄色，上面长满了淡黄色的茸毛，两只触角都是 10 节，触角末端稍粗，与眼接近。它身上的茸毛很灵敏，浑身是传感器。它的六条足呈黑色，爪子呈灰色。鞘翅边沿呈灰色线条状。

桑黑天牛

上页图中的桑黑天牛看上去非常健壮，鞘翅上有凹凸不平的疙瘩，脊背上有两个钩状的瘤结，头部酷似一头强壮的喜欢抵架的公水牛。全身粗糙，它的眼睛也是由许多小眼构成的复眼。

右图是一种小天牛，它的触角比身体还要长，鞘翅上有杂乱的灰白色斑块，六条足的末端长有短短的灰色茸毛。当它受到惊吓时，不是展翅飞走，而是自己掉到植物叶片的下面，给对方造成自己已经消失的错觉。

一种小天牛

苜蓿天牛的鞘翅有蓝莹莹的金属色，在阳光的照耀下显得格外威武。它们的 10 节触角细长，超过从头到尾的长度，好像京戏中武生们头冠上插的雉鸡翎。雄性的体形往往要比雌性的体形小许多。

我国中原地区的天牛个头都相近，目前，我已观察到 11 种不同颜色的天牛。它们都以植物的叶茎为生。

星天牛喜欢以稻田地里的嫩枝叶为食物，撵都撵不走。天牛成虫以植物的叶茎为食物，幼虫则以树干内的木质为食物。天牛是植物的害虫，真是"当之无愧"。它是钻蛀性害虫，会在植物内部钻"隧道"，并在"洞口"排泄粪便。

交配中的苜蓿天牛

星天牛

天牛产卵时会先找到木质较软的树干，用它那锋利的大颚把树皮咬破，然后把产卵管插进咬出的树洞中，然后产卵。天牛幼虫，有的地方叫"木怀儿"。它们是树木的大敌，雌天牛把自己的卵产进树干内，经过一段时间的孵化，卵蜕变为幼虫，幼虫腹部有 10 个体节，它们可在树洞里生活 2~3 年。幼虫蛋白质含量很高，油炸后可当一道下酒菜。幼虫在孵化出黑色大颚后，就开始啃食柳树的树干，这些坏家伙边啃食树干的木纤维边排泄粪便。由于

星天牛

木纤维没有蛋白质，只有少得可怜的营养物质，所以天牛幼虫会整天不停地啃食树木，以不断补充营养，来维持生命的需要。随着幼虫体形的扩张，树干内的空洞越来越大，越来越长。幼虫就如同隧道掘进机，无坚不摧。被天牛侵蚀的树木，从外表看不出被破坏的痕迹，只能看到树体外面小洞口有一些潮湿的木屑。被天牛啃食过的树木体内，会有被天牛挖凿出的木质隧道，树干中已空空如也。

天牛幼虫有白色的，也有黄色的，它们在化蛹之前，会先藏在树皮底下，用锋利的口器啃食树干、树根、粗枝，留下弯弯曲曲的坑道。坑道内留下的满是天牛幼虫的粪便和细碎的木屑。它们边吃边拉，粗纤维经天牛幼虫特殊的肠胃消化为蛋白质，转化为自身需要的养料。经过 1~2 年的幼虫期，它会蜕变为带翅膀的成虫，从树洞里飞出来，寻找异性交配，完成自己生命的轮回。

一只天牛的幼虫

又一只天牛的幼虫

深山 大蚂蚁的言传身教

蚂蚁是完全变态昆虫，数量极多，到处都可见到它们的身影。蚂蚁营群居生活。平原地区的蚂蚁体形小，背部平滑；山区的蚂蚁体形较大，背部有突起。

山区黑蚂蚁身黑体大，攻击性强。平时喜欢单独活动。它们

山区黑蚂蚁

的背部有个突起，区别于平原蚂蚁。它们前颚发达且锋利，咬住猎物后，吐出的蚁酸多，毒性大。

这种蚂蚁集体观念比较强。一窝中有大蚂蚁，又有小一些的蚂蚁。为了获得一定量的食物，大蚂蚁会通过口腔或触角给小蚂蚁传递信息。有趣的是，它们大部分是通过口腔来传递信息的，不仔细观察的话，人们还以为是大蚂蚁在欺负小蚂蚁呢。

一只大蚂蚁通过口腔给一只小蚂蚁传递了信息，这只小蚂蚁立即又把刚获得的信息传递给了另一只小蚂蚁。它们就是这样"口口相传"的。

大蚂蚁正在给小蚂蚁传递捕食信息

小蚂蚁通过口腔给同伴传递信息

这两只小蚂蚁在商讨什么呢？好奇心驱使着我观察个清楚，我把观察的对象转向了这两只小蚂蚁的行为上，只见两个小家伙爬向另外一个不起眼的东西。

原来那是一只不会动弹的食蚜蝇。两只小蚂蚁配合得很默契，一只咬着食蚜蝇的头部，另一只咬着食蚜蝇的尾部，硬是把它抬了起来。据研究，一只普通的蚂蚁能够举起约为自身体重400倍的物体，

拖拽约为自身体重1700倍的物体。昆虫有许多鲜为人知的行为，不经过细心的观察，我们很难察觉到。

这是一只还没有蜕出蝉壳就被蚂蚁缠上的知了，此时的知了再难以脱身。蚂蚁的嗅觉很灵敏，协作能力强。无论多强大的动物，只要被数量庞大的蚂蚁缠上，它的命运就会变得非常令人担忧。

蚂蚁属蚁科膜翅目，是典型的社会性昆虫，它们的组织制度高度严密，社群中有蚁后、雌蚁、雄蚁、工蚁和兵蚁。蚂蚁的种类有很多，有黑蚁、切叶蚁、墨西哥蜜蚁、红火蚁、行军蚁、子弹蚁、大齿猛蚁等。有许多种类的蚂蚁生活在热带丛林里，中原地区的蚂蚁种类较少。

蚂蚁在取食未蜕出蝉壳的知了

在社会性蚂蚁群体中，雌蚁是蚁后，负责生育后代；雄蚁负责和雌蚁交配；工蚁负责筑巢，筹备家族的食物；兵蚁负责保卫家族的安全，防止外来势力的侵扰。

狰狞 恐怖的毛毛虫

漂亮成蛾美仙子，若虫个个丑无比。

害残植物留坏名，昼伏夜出遇事惊。

美丽的蝴蝶，白天活跃在花丛中，装点自然之美；俊俏的蛾类，在夜晚的月光下，翩翩起舞。人们喜欢它们那婀娜的身姿，如同飞舞的鲜花。可是，很多人大概不知道，它们是从丑陋的幼虫蜕变而来的。

美丽的蝴蝶

事实就是这样，美丽的蝴蝶和俊俏的蛾都是由丑陋的毛毛虫蜕变而来的。身上长毛的虫，大部分成虫是蝴蝶；而身上光滑无茸毛的虫，大部分的成虫是蛾。

图中夜蛾的幼虫正在睡觉，等待夜幕降临后饱餐一顿。它把身体盘卷成球形，身上的白色感应肉刺排列在体外，能极灵敏地感知环境的一切变化，一有风吹草动，它会立即像皮球一样落到地面，继续隐蔽起来，或者把难看的头抬起来，张牙舞爪，恐吓来者。幼虫没有什么抵抗能力，只有靠丑陋的外形来恐吓对手。这是它们有效地保护自己不被天

正在熟睡的夜蛾幼虫

敌吃掉，使自己的生态进化得以延续的法宝。

头上长有四只角的蛾的幼虫

昆虫也是其他动物的美食。可是，它们不会坐以待毙，任人宰割。尤其是幼虫，它们虽行动迟缓，没有招架之力，可它们会释放一些难闻的气味，熏跑敌人；还会用极其丑陋的外观恐吓敌人，使想对它们动手动脚的来犯者望而却步，抛弃幻想。

上图中蛾的幼虫，它身上的颜色与绿叶浑然一体，身体边沿有序排列的白点是它呼吸的气孔；头上长有四只角，形状酷似龙的犄角，张开的嘴巴露出凶狠的牙齿；身体表面那凸起的肉疙瘩，像无数个麻子一样桀骜不驯地突显出来。在来犯者受到惊吓时，小家伙会立马滚下绿叶，从来犯者的视线中消失。毕竟遇到敌人时，逃跑才是上策。

右图中是一种蛾的幼虫，它的体形只有一根火柴棍那么长，身上有花纹与黄色的肌肤。此刻它正趴在树叶上漫不经心地啃食被阳光照射的嫩叶，活像一条小蛇在蠕动。一有风吹草动，小家伙会立刻停止啃食汁液，把头缩进体内，上体直立，露出一颗硕大的假头来，俨然变成了一条眼镜蛇，恐吓来犯者。当时，我正用微距镜头超近距离拍照，小家伙突然的变

蛾的幼虫拟态出凶狠的牙齿

拟态为眼镜蛇的蛾的幼虫

拟态为龙头的蛾的幼虫

化，把我惊吓得不轻。怒目的两只假眼睛，张开的假口腔，就像一条可怕的眼镜蛇着实吓人。

还有一种蛾的幼虫，长约 15 毫米，尾巴要比头大 3 倍，头部酷似带犄角的龙头。它的尾部很大，对天敌是一种威胁。为了生存，它什么招数都会用上。它们的头部有 4 个不同颜色的肉角，平时不显眼，一旦遇到危险，就会立马直立起来，龇牙咧嘴，三层尾巴同时翘起，看上去威风凛凛，怒不可遏。

拟态为拱桥的尺蠖

尺蠖丑陋的头部

尺蠖的面目更是丑陋。当它遇到危险时，会立即停止进食，把头部露出来。它在行走时，会用尾部的四只爪子抓牢叶茎表面，抬起上身，将前面的六只爪子向前伸，就像一架拱桥。它的头部，实在丑得不堪入目。但像它这样丑陋的幼虫，蜕变后的成虫——尺蠖蛾却很俊美。

下图中是一种蝴蝶的幼虫，全身黑红相间，还有白色的茸毛，它正在啃食植物的嫩叶。它们丑陋的长相能较好地保护自己不被天敌吃掉。

蝴蝶幼虫在啃食植物的嫩叶

有灵犀的小昆虫

如今数码相机已普及到了千家万户，人们常用它来拍摄风景和人物等。自从退休后我就带着相机四处拍摄昆虫，多年来与昆虫正面接触，拍摄了近万张昆虫照片，昆虫给我留下了难忘的印象。爱昆虫，拍摄昆虫，观察昆虫，呵护昆虫，宣传昆虫，成了我又一大爱好。刚开始拍摄昆虫时，我仅在美学及昆虫的外貌上下功夫。与昆虫接触多了，我才发现昆虫的学问博大精深。昆虫是我们地球上数量最多、进化最成功的动物群体，是地球上至关重要的一部分，在维护地球生态系统动态发展的过程中占据重要的地位。它们分解动植物的尸体、粪便，将大量的营养成分返还到土壤中。它们还是主要的食草动物和动物蛋白的义务提供者，是植物花粉的忠实传播者，也是人们观赏和制作标本的宠物。长年的拍摄，已不能满足我了解昆虫的需求，于是我通过看关于昆虫的百科全书，学习法布尔的《昆虫记》，上互联网查询昆虫的知识、图片等方式，逐步提高自己的理论素养。南召深山区、家乡白河岸边、南阳理工大学植物园等都成了我的昆虫摄影基地。我自制了三个微距摄影镜头，以便拉近与昆虫的距离。耐心和诚意，爱好和实干，充实了我的晚年生活。它又像一束强光灯射出的七彩光，让我恢复了年轻时的激情，也体验到了与小动物接触的极大乐趣。

一、依人的昆虫

多年来，我一直坚持拍摄野外昆虫活动的原境、原貌，绝不加进人为的因素，不给昆虫制造人为环境，也不为达到自己所谓的"视觉美"而破坏它们的生存习惯。昆虫是有生命和思想的。它们也是自然大家庭中不可或缺的重要一部分，我们不要忘了它们的存在，也不要忽略了它们对人类所做的贡献。

四月的春风已是暖暖和和的，海拔 1 200 米的山顶沐浴着灿烂的阳光。经过冬眠的小动物开始苏醒过来，开始它们的新生活。我也开始到深山拍摄久违了的昆虫。

我趁着春光，踏着轻快的脚步来到山顶。自从 2006 年第一次进山，这已是我连续七年来到东曼山。山顶是山区森林防火的观察站。观察站是由钢筋水泥筑成的两层四间小楼房，居高临下，将远山尽收眼底。我和年已六旬的防火员老宋来到最高处，他去观察林区是否有火情，我则拿出数码照相机寻找可爱的昆虫。

我站在山顶，风很温和，阳光似金；远处的山峦开始变得翠绿，充满生机；俊鸟鸣唱，公鸡报晓，山鹰盘旋；山桃花、山梨花、山茱萸花、辛夷花等开满了山间的沟沟岔岔；朦胧的远山已披上淡绿色盛装；山雾正在消散，轮廓逐渐显露出来；一幅幅人间美景，一层层山峦，堪比美丽的壮锦。

山在花中，花在山中；人在天地间，景在人心间。

远离喧闹的城镇，脱离车水马龙的都市，置身在静静的山林中，风儿在唱，鸟儿在鸣，这是人们的向往之地。满目的清新，一览众山小，像山鹰翱翔于天地之间。一个人无欲无求，置身大自然，眺望群山叠嶂，迎着阳光，沐浴春风，心旷神怡。

一次，我为一只伪装成绿叶的小蜘蛛照相，当微距镜头逐渐靠近后，清晰的绿蜘蛛进入取景器。由于有多年拍摄昆虫的经验，再隐蔽的昆虫也躲不过我敏锐的眼睛。此时，绿蜘蛛隐蔽在绿色的树叶下等待着自投罗网的昆虫。绿蜘蛛与绿树叶浑然天成，让人完全看不出哪是树叶哪是蜘蛛。

我聚精会神地观察着，周围的一切仿佛瞬间不存在了。此时，一只出生不久的幼蝈蝈蹦到我左手腕上的电子表上，我只觉得一阵瘙痒，当我把目光转向左手时，那只深棕色的小蝈蝈正在电子表的边沿上若无其事地爬着。我立即把微距镜头转向小蝈蝈，按动快门。小家伙并不慌张，神态自如地在表盘上慢慢爬行。我连续为它拍了好几张照片，可它还无离开的心思，好像是

绿叶上的绿蜘蛛正在等待其他小昆虫自投罗网

想让我多为它拍几张照片留念。

　　我没有打扰它，轻轻地按下快门。小家伙做着不同的动作，它像朴素的灰姑娘，尽管没有秋天成虫的绿装，但也演绎着生命的精彩。它悠然自得地在电子表上爬行，从表把爬到表带边沿。

一只小蝈蝈正趴在我左手所戴的电子表上

这只小蝈蝈在我的电子表上慢慢爬行

二、蝶恋人

秋风吹下树上的片片黄叶，丝丝凉意拂向东曼山。我再次来到南召深山拍摄昆虫。昆虫经过数月，已由小长大，几经蜕皮成熟起来，此时正是拍摄昆虫的极佳时机。

这天上午，我正在山坳为一只少见的鹬照相，一只深灰色的眼蝶落在我的左手背上。老宋见状大声喊："有只蝴蝶落到你手上了。"话音还没落，眼蝶就飞走了。老宋很遗憾。"它还会来的。"我说。

我的话音刚落，这只眼蝶又飞过来落在我的手上。

连续三次，它走了又来，来了又走，像是在和我捉迷藏，又像是舍不得离开我。

我不失时机地按动快门，取景器留下了眼蝶美丽的身姿，留下了难忘的瞬间。蝶恋花成了"蝶恋人"，短暂的瞬间，长久的记忆。

蝴蝶，美丽的蝴蝶，它们是飘动的花朵，是花粉的热情传播者。尽管

一只眼蝶第一次落在我的手背上

这只眼蝶第三次趴在我的手背上

它们在幼虫期为害植物，那也是它们为了生存不得已而为之。

三、豆娘的惬意

夏天是各种昆虫最活跃的时期，也是我进深山拍摄昆虫的最佳时机。与昆虫的亲密接触，我已经习以为常；感情的交融，让我和昆虫建起了友谊的桥梁。一次，我正在拍摄其他昆虫，无意间两只正在交配的

落在我手背上的两只豆娘

豆娘双双落在我的手背上，我吸了一大口气吹向它们，想把它们赶走，可它们若无其事地仍然我行我素，完全无视我的存在。我趁机多拍了几张它们的照片。

我不奢求与昆虫心灵相通，也不奢求能发现昆虫的什么特异功能，而是想从另外一个侧面了解、观察昆虫，用微距镜头和执着、诚恳的心近距离地探索昆虫生存、繁衍的秘密，以求从创新前瞻的角度来审视昆虫，发现、总结并利用昆虫对人类有益的方面。少年时代的我就对电子科技情有独钟，进入老年人的行列后，我又把生物科技作为自己的爱好。

随着摄像技术的不断发展和摄像器材的更新换代，昆虫更多鲜为人知的生活将逐步被揭开，很可能人们以往对昆虫的某些认知会被颠覆。昆虫是否有意识，昆虫是否有思维，昆虫是否有情感，同种类昆虫为何形态千差万别……想要解答这些问题，需要人们不断地观察、认识和研究。

蜜蜂与人的对话

一

每一种昆虫都有它们独特的本能和智慧。它们的本能和智慧是与生俱来的，是世世代代遗传的结果。如果对它们观察不够，了解太少，研究太肤浅，则会阻碍人们对它们的认知。只有深入观察，细心琢磨，才能有意想不到的惊喜。就连常见的蜜蜂也能做出令人惊奇的举动，颠覆我们早前的认知。

在海拔1 200米的南召县深山区，有一位30多年养蜂经验的护林员，市级劳模——宋金山。他60多岁，善于观察，尤其对他的小伙伴——蜜蜂更是体贴入微。一般情况下，蜜蜂只能生活在海拔600米以下的丘陵和平原地带，能生活在海拔1 200米以上山地的并不多。宋金山养的这种蜜蜂是山野蜜蜂，颜色发黑、体形较小，不像意大利蜂那样以黄色居多且体形较大。其酿出的蜜纯甜，香味尤浓，让人垂涎欲滴，是纯粹的绿色食品。宋金山长时间与蜜蜂接触，对蜜蜂有更深层次的了解。他一个人居住在方圆几十里没有人烟的深山坳，每年都养几十箱蜂，除了护林防火，几乎每天都在细心观察蜜蜂的一举一动，因而了解了蜜蜂许多鲜为人知的秘密。

二

蜜蜂分群，对于宋金山来说至关重要，也是他倍加关注的大事。

一次他坐在距蜂箱不远的地方休息。突然，一只小蜜蜂飞到他的鼻子尖上，他感到一阵瘙痒，但他没有伸手拍打它，而是用眼睛观察它到底想干什么。稍停一会儿后，这只蜜蜂飞到旁边一根树杈上，不停地扇动翅膀。大约过了2分钟，许多蜜蜂陆续飞来，和第一只蜜蜂一起叠起了罗汉，又过了5分钟左右，更多的蜜蜂飞来了。蜜蜂越聚越多，蜂群黑乎乎的像一口倒挂的铁钟。凭着经验，他意识到第一只蜜蜂很可能是只报信蜂，专门飞来告诉他它们将要分群的具体位置。每年 4 月底至 5 月底是蜜蜂分群高峰期，不规则分群可一直延续到 10 月底。蜜蜂分群一般都是在风和日丽的天气里进行的。

这时他观察到，从一只蜂箱里又飞出不少蜜蜂，这说明该蜂箱的蜜蜂可能要分群了。他立即来到这个蜂箱前，很快找到了分群出来的一只个头较大、颜色较黄的新蜂王，他小心翼翼地捉住它，把它放进一只小纸盒内将其保护起来，以便让其来带领分出来的这群蜂。

报信的蜜蜂落在宋金山的鼻子上

每年的 5 月下旬天气晴朗时，是蜜蜂分群的重要时节，像这样的情形年年都有。若照顾不周，蜂群失散，就会造成蜂蜜大量减产，而且分群后的蜜蜂也不能再飞回原蜂巢，因为飞回的蜜蜂会被蜂窝里的其他蜜蜂活活咬死，这是它们的天性，山里的野蜜蜂更甚。

常年和蜜蜂打交道，宋金山的身上有一种常人难以感知的气味，只有蜜蜂才能闻到。日积月累，朝夕相处，他已把自己融入了蜜蜂的王国里。他既像它们的奶妈，又像它们的统帅。

分群的蜜蜂聚集在一起，这时宋金山拿了一把竹笊篱，并在上面涂上一些蜂蜜，头戴护面罩，小心翼翼地来到这群蜜蜂前。他左手拿笊篱，右手拿一根带叶子的干树枝，把蜂堆里的蜜蜂用树枝慢慢地扫进涂有蜂蜜的笊篱上，蜜蜂没有骚动，很顺从地来到笊篱上。大约 14 分钟后，蜜蜂全部爬到了笊篱上。随后，宋金山小心谨慎地把它们放进一个早已准备好的空蜂箱内，又用树枝把它们慢慢扫了进去，大约 5 分钟后，才把那只分群出来的新蜂王

蜜蜂分群在另一箱蜂箱门的右上角，宋金山正准备把收聚的蜜蜂带到另一个蜂箱里喂养

宋金山正在用涂了蜂蜜的笊篱收回分群的蜜蜂

放进新巢内，让蜜蜂们自己管理自己。

三

　　有时还会有从外面山林中飞来的野蜂群。这些野蜂首先会派出三四只侦察蜂，它们早早地来到宋金山的门前，在门口"嗡嗡"飞舞，并故意在他的面前飞动，有的还要落在他的脸上，以便引起他的注意。此时，这些蜜蜂会飞到它们事先找到的空余的蜂箱内，这些闲着的空蜂箱是宋金山故意放置的，其内放了些引诱其他蜜蜂的蜜。这些引诱蜜是宋金山自己研制出来的，用蜂蜡渣加一些玉米粉，放在锅里炒熟，然后拌上蜂蜜，搅和均匀后就可诱蜂了。蜜蜂闻到蜂蜜的味道就会飞来。刚开始，有少量蜜蜂来到空蜂箱内，大约4个小时后，大群的山野蜜蜂也随之来到它们选中的新巢定居下来。但也有例外的情况，到来的蜜蜂没有选中蜂箱而飞走，以后也不会再回来了。只要足够勤快，每年他都可能收到六七箱飞来的野蜜蜂。

　　还有一次，宋金山去离蜂场四五里远的山间小路修路。正修着，突然，有几只小蜜蜂扇动翅膀围着他飞来飞去，引起了他的注意，随后它们落在他的脸上，而不是落在他的鼻子上。它们用翅膀轻轻拍打他的面颊，然后小蜜蜂们一起飞走了。他不解其意，仍在原地修路。过了一会儿，这几只蜜蜂又飞了回来，照样落在他的脸上，仍然用翅膀轻轻拍打他

宋金山正在修路，有几只蜜蜂飞了过来

的脸，拍打后又沿路径直飞回它们所巢居的蜂箱。他觉得有些蹊跷，就跟着它们回到养蜂场。在细心观察了每个蜂箱后，他发现有几只大黄蜂（本地人称"地雷子"）正在咬吃一只可怜的小蜜蜂，蜂箱旁边还有不少已死去的蜜蜂。

黄蜂是蜜蜂的天敌，小小的蜜蜂是斗不过它们的。但小蜜蜂也不想束手就擒，它们各有各的防护妙招。山里也有虎头蜂，个头比蜜蜂大3倍，十分凶狠。蜜蜂一见到它们，立刻魂飞魄散，没有丝毫的抵抗力。

宋金山立即拿来工具追打那些可恶的大黄蜂，大黄蜂感到了威胁便立即飞跑了。大黄蜂产卵的时间与蜜蜂外出采蜜的时间几乎是同步的，都是每年4月初。大黄蜂真会算计。

大黄蜂是一种狡猾的野马蜂，它往往把自己的蜂巢建在蜂箱的附近，专以吃蜜蜂为生，并专吃那些刚采完蜜飞回蜂巢的蜜蜂，这种蜜蜂已采满蜂蜜，载重量大，飞行缓慢。小蜜蜂是斗不过大黄蜂的，大黄蜂的出现能使一窝蜜蜂全军覆没。但小蜜蜂在比它大2倍的黄蜂面前并非只能束手就擒，它还会求助养蜂人来赶走它们斗不过的敌人，这也是一种智慧。

四

宋金山对蜜蜂有一种特殊情感，这在旁人看来可能会难以理解。太阳落

黄蜂正在捕捉蜜蜂

一只蜜蜂正在给宋金山报信，对蜜蜂的特殊举动宋金山十分关注，一旦发现蛛丝马迹，立即采取行动

每年的4月初筑巢的大黄蜂开始产卵

宋金山正在驱赶进攻蜜蜂巢的大黄蜂

山了，凡是有电的地方已是华灯初上，而在没有电的深山里，宋金山只能点燃蜡烛照明。蜜蜂是一种向光的昆虫，在黑暗中只要有一丝亮光，它们就会飞过去。一天晚上，一只小蜜蜂趴在屋内一支点燃的蜡烛上，一步一步往烛头上爬，它并不知道危险正在等着它。正在这时宋金山看见了，他立即用手轻轻把它从蜡烛上拿下来，并把这个可怜的小家伙放进一个小盒子里，等天明了再放飞，避免"飞蜂扑火"的悲剧。可以看出，宋金山对蜜蜂的珍爱到了无以复加的境界。小小的蜜蜂每年也能为宋金山带来数万元的收入，蜜蜂

传花授粉又让群山硕果累累。人们利用自然，关爱动物，人与环境和谐相处，大自然也总是会回馈那些勤劳的人们。

五

蜜蜂也是不好惹的，就算人不去惹它们，当它们感觉受到威胁时，也会蜇刺人，让人难受好一阵子。我在深山拍照九年，为蜜蜂拍了无数的照片但从未被它们蜇到过，到了第十个年头却被它们蜇了三次。这三次，一次比一次严重。我对勤劳的蜜蜂超乎寻常的关爱，可它们蜇起我来却也毫不留情。说起来并不复杂，2016 年 4 月中旬的一天中午，我照常到山区拍昆虫，像往常一样来到养蜂场，这是我的昆虫摄影基地。我看到一只蜜蜂掉到洗脸盆的水里，正在拼命地挣扎，翅膀扇动出一层一层的水波，波纹满盆打转，它是绝对飞不起来了，眼看就要一命呜呼。此时，我毫不犹豫地用手指把奄奄一息的小家伙捞上来。谁知它并不领情，狠狠地蜇在我的中指上。蜇后它艰难地飞走了，也不考虑我的感受。我把蜇在中指上的蜂刺拔了出来，挤了挤蜂毒，也就不再留意它了。谁知几天后我的中指上留了个硬硬的疙瘩，又痒又疼，十几天后才脱落，它是蜂毒留下的印记。

这年 7 月的一天中午，我又来到蜂场，在众多的蜂房旁拍摄昆虫，当时我把精力集中在一只螳螂身上。微距镜头离螳螂只有大约 5 厘米远，螳螂正在咀嚼一只小蜜蜂。看它津津有味地吃着，我按动了照相机的快门。正在此时我的脖子右侧突然感到一阵炙热的疼痛，我下意识地用手摸了一下疼痛处，原来是一根蜂刺扎在脖子上。我把它拔了出来，并用手按摩了一会儿，被蜜蜂蜇过的地方立即肿了起来，而且红肿的范围越来越大，一直肿胀了一个星期，实在难受。

同年的 10 月初，我又来到深山养蜂场。10 月 4 日晚上 11 点多，我已经躺在床上并盖好被子睡觉了，迷迷糊糊地感觉手心里好像有东西在动弹，我下意识地握了一下右手，立即感到手掌被什么东西蜇了一下。我打开手电筒一照，原来是一根蜂刺扎在手掌中间。我把蜂刺拔了出来，顺手揉了揉被蜂蜇过的部位。第二天，我的右手和手臂都肿了起来，一直肿了一个星期。

被蜜蜂蜇手心后，我的手背手腕肿胀的样子

红肿疼痛折磨着我。我在走访养蜂几十年的老人时，无意中道出我的迷惑。他们开玩笑地说："有风湿病的人被蜜蜂蜇后不会红肿，没有风湿病的人会红肿。你没有风湿病，请放心！"原来蜜蜂也是在用特殊的方式告诉我："你没有风湿病！"蜜蜂是善良的小精灵，虽然它们不会讲话，却能用它们的特殊方式来与人交流。

 小蚂蚁吞食大蝈蝈

一只蚂蚁正在吞食一只毫无抵抗力的正在蜕皮的夏蝈蝈

　　蚂蚁这种小家伙专找"软柿子"的欺负，这也是它们的天性。它们有灵敏的嗅觉、尖利的牙齿，还能分泌使其他小昆虫麻醉的蚁酸，而且群体行动。这些小精灵到处游荡，只要见到猎物它们便会毫不犹豫地发起进攻。

　　一只隐蔽在树叶下蜕皮的蝈蝈，正悬挂在刚蜕开的陈皮上，还没有来得及跑掉，就被一只游荡的蚂蚁发现了。这只蚂蚁专找蝈蝈身体上的嫩肉吞食，而且吃得津津有味，边吃边向蝈蝈体内注入蚁酸使它麻醉。

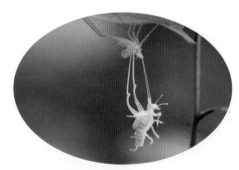

一只正在蜕皮的夏蝈蝈

　　蚂蚁是完全变态昆虫，是地球上数量最多的昆虫种类之一。它们营群居生活，它们外出觅食会边走路边在行进的路上留下气味。尽管这种气味很淡，但它们的同类能嗅到，并且能沿着这种气味找到先前的蚂蚁，同时沿着这条线找到回家的路。

蚂蚁分工明确，蚁后负责产卵和管理蚂蚁王国的事务；雄蚁专职与蚁后交配；工蚁都是雌蚁，负责筑巢、觅食、喂养幼蚁和照顾蚁后；兵蚁负责保卫蚂蚁种群的安全。

蝈蝈此时连一点反抗的力气都没有，只能忍气吞声，眼睁睁地瞅着比自己小数倍的蚂蚁吞食自己的肉体。蚂蚁吃呀吃，一直吃饱了自己并不大的肚子，它好像在打着饱嗝，又喜滋滋地看了一遍无力的蝈蝈，还向蝈蝈的受伤部位又吐了些能起麻醉作用的蚁酸，打算跑回蚁穴请它的伙伴们也来共享美餐。

蚂蚁生怕蝈蝈逃跑，便不停地向蝈蝈体内注入蚁酸。蝈蝈像一具木偶，只能无奈地看着蚂蚁欺负自己，毫无反抗之力。大自然的丛林法则就是这样，谁被动谁就会挨打。只有居安思危，明察秋毫，时时戒备，才能保护自己免受凌辱。

小蚂蚁走了，却留下它的气味，这可以让它的同伴循着气味找来。昆虫为了生存，必须继承前辈们好的基因，为了让自己的种族生生不息，它们还会不断进化。物竞天择，适者生存。

吃饱的蚂蚁走了，剩下残缺的蝈蝈尚存一息。它开始拼命地挣扎，嫩弱残缺的肌体不停地颤抖，好挣脱无用的外壳，从而保全性命。此时，逃生是蝈蝈的唯一渴求。最终它蜕落了旧皮，头也不回地落荒而逃了。也算这只蝈蝈命大，逃过了一劫。这一难得的场景留在我相机中，成了永久的记忆。

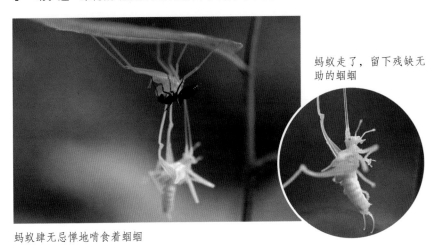

蚂蚁走了，留下残缺无助的蝈蝈

蚂蚁肆无忌惮地啃食着蝈蝈

刚脱离旧皮不断挣扎的蝈蝈掉到下面一片树叶上，总算逃出了险境

　　蚂蚁这种昆虫随处可见，人们对它们的印象并不怎么好。以往，对于那些不肯干活的人，人们会说他闲得看蚂蚁上树。

　　其实，昆虫是大自然生物链中不可或缺的一环。研究昆虫，了解昆虫，利用昆虫，爱护昆虫，正是人类更好生存的基础。请大家不要嫌弃它们，更不要有意伤害它们。

 の位置に注意

昆虫艰难的蜕皮过程

正在蜕皮的斑衣蜡蝉

　　昆虫的生长离不开蜕皮，蜕皮是蝈蝈、蚂蚱、瓢虫、蝉、螳螂、蛾类幼虫等一生中必须要经历的艰难、痛苦和无奈的生长阶段。

　　昆虫蜕皮是一个漫长的过程。硬壳瓢虫蜕皮需要数天不吃不喝，静等强硬的外皮蜕下来；螳螂蜕皮需要 20 多个小时；蚂蚱蜕皮需要 17 个小时左右；蚁狮蜕皮需要 2 个多小时；蝉蜕壳需要几十分钟……昆虫蜕皮、飞鸟换羽、兽类换毛、长蛇蜕皮等，都是为了适应一年四季温度的变化，是为了加速生长所必须要经历的生理过程。昆虫蜕皮是受它们自身个体生物钟和自然环境的控制的，蜕皮时间和环境存在不确定性。

　　许多昆虫蜕掉旧皮是相当难得一见的场景，可遇而不可求。不同的昆虫生活环

罕见的正在蜕皮的螳螂

境也不同，蜕皮的时间不同，隐蔽的位置也不同。我有几次专门去拍摄它们，却都以失败告终。

蜕皮是痛苦的，但也是昆虫获得新生的开始。旧装换新颜会使它们更能适应不断变化的自然环境。炎热的夏天到了，鸟儿把厚厚的冬羽蜕掉，换上薄薄的新绒，哺乳动物也褪掉厚厚的长毛以适应夏日的酷热。人不会在五六月天穿皮袄，不会在大雪纷飞时穿背心，也是同样的道理。

蝈蝈蜕皮

不同的地理环境中，昆虫蜕皮的时间也是不同的。在我国北方，每年 5 月初是不少昆虫幼虫蜕掉第一层外皮的时期。蜕皮后它们会更快地生长以迎接伏天的到来。三伏天是一年中最热的季节，也是昆虫生长最快的黄金时期，它们不会错过这个难得的机会使自己强大起来，为秋季选择配偶做准备，从而繁衍出适应严酷大自然生存的后代。尽管蜕皮十分艰险，可它们乐此不疲。

螳螂蜕皮时，先把自己悬挂起来，从尾部开始，同时后足和中足紧随其后，接下来腰部开始蜕皮，逐渐延伸到两只前足，最后才轮到头部。豆娘、蚂蚱、蝈蝈蜕皮则都是从头部开始，蝉和蚁狮则是先从背部开始蜕皮。

昆虫蜕皮是生长的需要。昆虫的身体由外骨骼支撑，在它们的生长过程中，身体在营养激素的刺激下逐渐长大，外骨骼成了继续生长的最大障碍。此时，昆虫体内的生物酶刺激外骨骼与体内肌肉脱离。同时，与外骨骼连接肌肉的部分逐渐形成新的外骨骼。等外骨骼逐渐蜕出时，新的骨骼则已经生成。

节肢动物在生长发育过程中，由于外骨骼比较坚厚，不能随物的生长而增大，所以它们一生普遍表现为周期性的蜕皮。蜕皮，是很多昆虫都必须要经历的生理过程，有的明显，有的隐蔽，蜕皮的时间也不尽相同。如同树木每年会长出一圈年轮一样，昆虫每蜕掉一层外皮，就离成熟更进一步。

瓢虫先从头部蜕掉外壳，往往需要经过几天至十几天的漫长时间才能够蜕掉坚硬的旧外壳。此时是它们十分脆弱的时刻，只有彻底蜕出外壳，它们才能告别过去，开始新生活。

每年的夏天，沉睡了2~7年的蝉才能告别地下黑暗的生活，从地下拱出地面，爬到附近的树上。每当夜幕降临时，四周静悄悄的，此时可以避开任何干扰，它们的第一要务就是赶快蜕去坚硬的外壳，待翅膀稍干就飞到树上。

经过数天后还在继续蜕掉外壳的瓢虫

昆虫蜕皮时一般都会选择较为隐蔽的环境，以躲避天敌的侵害，顺利蜕皮。蜕皮时，它们的防御能力几乎为零，肥美柔软的新肉体是天敌可口的美食。此时它们既没有外壳的保护，也没有抵抗能力，只能听天由命。

这是一只刚刚拱出地面，
正在出壳的蝉

刚脱离外壳的夏蝉

两只雄性芫菁在争夺与一只雌性芫菁的交配权

　　橘红色的脑袋像一颗红玛瑙镶嵌在绿叶的侧面，墨黑的身体犹如修女长长的袍子，两只翘起的触角像古代分节的钢鞭，它们三五成群地活跃在深山的草叶和灌木丛，尤其喜欢待在有蜜蜂活动的巢穴边。它们就是害虫芫菁。芫菁是芫菁科昆虫的

豆芫菁

统称，大约有 2 300 种，分布在世界各地，在我国大约有 130 种。

　　上图中的这种芫菁学名叫豆芫菁，它们体色发黑，头部呈橘红色，鞘翅黑色，体壁柔软，无长毛，颈部狭窄，头部向下，后背有黑色鞘形翅膀，双眼之间有一对 10 节的触角。它们喜欢成群结队，主食豆科植物。我在深山的养蜂场拍到过较多豆芫菁的照片。它们三五成群地活跃在养蜂场的草丛以及蜂窝附近，为害蜜蜂幼虫。

　　雄芫菁体形稍小，雌芫菁体形宽大。雌芫菁一次可产下 2 000 多枚卵。幼虫往往需经过 4 龄，每一阶段它们的食物都不同。

雌芫菁在与雄芫菁交配后，会趁着夜深人静偷偷进入蜜蜂的巢穴，很快把卵产在蜂窝内有蜂卵的巢上。它的卵很快会在蜂巢的恒温下孵化出来。芫菁的幼虫一旦孵出便会把蜜蜂卵内的汁液吸干，使蜜蜂的卵变成一具空壳。长大的幼虫又开始吃蜜蜂的蜂蜜。芫菁的卵具有寄生性，也会寄生在蚂蚱、蟋蟀或其他昆虫的卵内。

雌雄芫菁正在交配

黑颈黄斑芫菁，头部、颈部呈墨黑色，翅膀上三条金黄色宽带和三条黑色宽带相间排列。它们以农作物豆类、马铃薯、花生、甜菜等作为食物来源，喜欢三五成群地活跃在农田里，有时在养蜂场也能见到它们的身影。

每年的7月底至8月上旬是芫菁的交配季节。它们会不约而同地聚在一起寻找如意的异性，经过浪漫的恋爱过程，双双飞到另外的枝叶上交配。交配后便分道扬镳，雌性寻找适合产卵的地方，如已经有其他昆虫产过卵的地方或者有蜜蜂巢穴的地方；雄性则另找新欢。

任何事物都有两面性。尽管芫菁是植物的害虫，但也有有益的一面。如芫菁具有很重要的医用价值，它身上携带的斑蝥素有剧毒，提取净化后对治疗人类癌症有很好的效果。我们要仔细观察，认识并利用它们，以更好地为人类服务。

黑颈黄斑芫菁　　　　　　　　　交配中的黑颈黄斑芫菁

蜜蜂的繁殖与分群

5月初马蜂开始独自筑巢

　　繁衍生息是所有生物都要经历的生命过程，雌雄交配则是动物繁衍的基本形式，生物界中雌雄交配的形式也是各不相同的。如蜜蜂有在空中交配的，也有在蜂巢内交配的。如意大利蜜蜂有在空中交配的，也有在巢穴内交配的；中华蜜蜂则在巢穴内交配。

　　蜜蜂的交配高峰在夏季，最早的交配在3月份就开始了。意大利蜜蜂的交配约70%是在空中进行的，约30%是在蜂巢内进行的，新的无翅雌蜂也能交配产卵，这是养蜂几十年的老蜂农观察到的真实情况。

难得一见的黄蜂交配

　　蜜蜂一般先产卵后分群。蜜蜂在每年的5月开始分群，第一次分出的是新蜂王和新出生的蜜蜂，新蜂群中还没有出现雄蜂，第二次分出的新蜂群才有雄蜂出现。雄蜂尾部无螫刺，只有蜂王和工蜂才有螫刺。分群后，老蜂王又开始产卵。蜂王产卵是在蜂坯中从外层逐渐向内层进行的，幼蜂也是先从外层孵化出来，最后再从内层逐渐孵出的。分群后，老蜂王会再次交配。蜂王的交配一般发生在

蜂巢内部

一天的 12 ～ 16 时。交配后雄蜂便失去了作用，然后工蜂会把它们控制起来，不给它们食物直到它们饿死，死掉的雄蜂会从蜂坯掉到蜂箱底部，被工蜂聚集在一起推出巢穴外，所以，我们在蜂巢门外能见到许多死去的黑色雄蜂。7 ～ 8 月巢里的雄蜂数量增多，9 月巢外死去的雄蜂数量也增多。

雄蜂

蜜蜂分群

"伪装大师"短棒竹节虫

　　行为是指举止行动，是受思维支配而表现出来的外部活动，如做出动作、发出声音、做出反应等。大多数昆虫都比较小，它们都有头、胸、腹三部分，它们也有自己的行为方式。动物的"本能"实质上是大脑思维的一种表现形式，有什么样的思维就会有什么样的行为。

牛虻咬食黄蜂

　　一只倒霉的黄蜂被粘在张开的蜘蛛网上，它挣脱不了蛛丝的缠绕，却引来了一只路过觅食的吸血成性的驼背黑牛虻。牛虻为了食物扑向垂死挣扎的黄蜂。其实，这两个"倒霉蛋"都将是守株待兔的蜘蛛的美餐。牛虻此举是由饥饿本能所驱使的，导致它走上了不归路。昆虫的思维方式极其简单，行为受多方面因素如

匍匐静止不动的纺织娘

两只飞蚂蚁触角相碰

饥饿、疲劳、欲望等的影响。

遇到危险时，正在直立观望的纺织娘会立即俯下身子，以降低被天敌察觉的风险。这种躲避的行为在昆虫界普遍存在，螳螂、竹节虫、蓑蛾幼虫等都有。

蚂蚁是群居昆虫，它们的行为体现在相互协作、共同照料蚁巢、维护蚁群利益上。蜜蜂以及其他蜂类也都具有这种相互协作的行为。这是它们从祖先那里继承来的基因形成的群体的行为意识。它们会在相遇时用各自的触角相碰撞来传递信息或者识别敌友，还会在外出觅食时在路上留下气味以通知同伴。

在我拍到的不少有关象鼻虫交配的照片里，雌雄象鼻虫交配时几乎都是选择在花丛或者较隐蔽的树叶中，可谓花前月下，浪漫温馨。交配后雌象鼻虫把卵产在树叶里，并把树叶卷成圆柱形，这就是它们的卵袋。之后它们又把卵袋上的叶柄咬断，让其自然落到地面，自由孵化出幼虫。它们的这些生殖行为与生俱来。

短棒竹节虫，可谓"伪装大师"。它们喜欢趴在树叶或枝干上，用六条腿支撑身子，不断地前后晃动身体，时时观察周围的动静。一旦发现危险便立即俯下

花朵上的象鼻虫

身体，趴在原地一动不动。其身体的颜色与周围环境的颜色浑然一体，便于隐藏。竹节虫又是典型的孤雌生殖，它们的伪装、夜晚活动、白天隐蔽等各种行为恰到好处。因为雌雄竹节虫难以见面，交配行为极其难得，所以雌性竹节虫只得自己产下没有经过雌雄交配的卵，而孵化出的竹节虫仍然是雌虫。这种孤雌卵免疫力差、生存力差，这也是孤雌生殖行为的劣势。

枯叶夜蛾的颜色与枯树干的颜色十分相似。夜蛾一般都是在夜间活动，这也

枯树上的枯叶夜蛾

是劣势昆虫特有的生存方式。大部分夜蛾的颜色都是灰暗不显眼的，以便于其在夜间活动，白天隐藏。在白天活动的蝴蝶，有不少像花朵一样美丽，这种行为同样是一种伪装。

一只胡蜂落在草茎上，观察周围的一切动静，十分警惕地防范可能存在

草茎上的胡蜂

的威胁，同时察看是否有猎物出现，所有的蜂类都具有这种行为。

昆虫的行为表现在多个方面，如寻偶、交配、生育、猎食、躲藏、伪装、拟态、逃生、鸣叫、筑巢、警戒、自卫等。不同种类的昆虫表现出的行为有个体差异，但共同点都是为了生存、繁衍等。

昆虫的
『迷彩服』

落在干枯花骨朵上的食蚜蝇

迷彩服的出现至今还不到百年的光景，而昆虫的"迷彩服"则是与生俱来的。昆虫为了生存和繁衍后代，就必须让自己不堪一击的身躯适应自然环境。经过进化，有些昆虫能让自己与环境浑然一体，以保护自己，迷惑天敌。其中，昆虫的拟态就像穿上了一身"迷彩服"，惟妙惟肖。

昆虫的"迷彩服"五花八门，各领风骚。盛夏时节树木枝繁叶茂，正是各种昆虫最活跃的黄金期，眼睛深棕色、透翅黑色、身体浅黄色与黑色条纹相间的食蚜蝇却找到已经干枯的花骨朵并落在其上。它知道，和自己体色相似的植物可以有效地把自己隐蔽起来，暂时躲开天敌的注意，随后它可以再去寻找自己需要的食物充饥。

在明媚的阳光下，一只幼螳螂躲藏在黄色花丛里，它的颜色几乎和周围的环境融为一体，让人很难一眼看出。它的行为既蒙蔽了天敌又掩盖了自己进攻的姿态，借助环境，它的"迷彩服"发挥着作用，它悄无声息的等待就是一种伪装。

一只春天的幼龄竹节虫，静静地趴在嫩叶上。它的体形恰似一根细竹棍，极不显眼，它若不随意动作，别人还真看不出它的存在。它慢慢地爬行，六条附肢

躲在黄花丛里的幼螳螂

协调动作，一旦遇到险情，它就会立即俯下身体，躲过对方的眼睛。到了黑夜，它就活跃起来，在夜色的掩护下疯狂地吞食植物的嫩叶。

幼龄竹节虫

臭椿象的幼虫把自己伪装成难看的"鬼脸"，且成群结队地在一起，形成一支庞大的"鬼脸"队伍，让见到它们的天敌望而生畏，不

一种椿类的"鬼脸"若虫

敢随便下口，就连我们人类看见它们也会感到不适，这便是它们的"迷彩服"的作用。

大刀螳螂蜕一次皮需要许多时间，难免会被天敌发现。于是，它们会找与自己体色一致的安全区域来蜕皮。对于昆虫来说，蜕皮时它们毫无抵抗力，任人宰割，此时的伪装至关重要。

昆虫的伪装比比皆是。一只蝇子棕灰色的身体和枯树皮颜色一致，它趴在枯树皮上，可以放心地舔舐自己喜爱的食物。

一只枯叶蛾的幼虫，在尽情地吞食嫩绿甘甜的枝叶。它看起来就像一根断掉的枯枝，那"枯老而翘起"的"树皮"，惟妙惟肖的"断茬"，一头细、一头粗的"枯

一只棕灰色的蝇子趴在枯树皮上

一只正在蜕皮的深绿色大刀螳螂

枯叶蛾的幼虫

一片枯叶上藏着一只蜘蛛和它的卵囊

树枝"，被周围的绿叶和鲜花衬托出干瘪的外形。天敌一眼瞧见就没了食欲。

上图为一片干枯的树叶，枯萎的叶柄向下耷拉着，随时可能会被无情的风吹掉。其实在枯叶上，还藏着一只蜘蛛和它的卵囊，卵囊里面是它产的卵。

昆虫的"迷彩服"真可谓以假乱真。若没有巧妙的外形伪装，没有恰到好处的拟态，没有环境的衬托，昆虫将难以生存于恶劣的环境。而迷彩服，是人类学习其他生物的产物，是仿生学的奇妙应用。

一动不动的虎甲

虎甲活跃在山区，它们属于鞘翅目甲壳虫中的一个门类。它们有翅，不善飞却喜欢奔跑。它们奔跑速度快、警惕性极高、行动敏捷，平时人们极难见到。通常它们躲藏在石缝、土地裂缝中，在其中居住，产卵安家。白天它们一般休息，到了夜晚才频繁活动。

褐唇虎甲穿着漂亮的外衣，闪着带有金属光泽的蓝光，点缀着红光。细长的六条附肢，两条细长的触角扫着周围，锋利的大颚显露着，看起来十分威武雄壮。

两年前我在山区见到过它们，但那只是瞬间看到的，之后它们就如闪电般消失了。一直以来我很想再见到它们，一睹它们的芳容。

后来我又在山区见到了虎甲。这只虎甲趴在一根桥栏杆柱子的顶端，当我看到

褐唇虎甲

它时，它也在目不转睛地盯着我，一动不动地趴着。这次它好像是在专门让我为它拍照，于是，我用微距镜头从不同角度给它拍了照。它是一只刚成年的虎甲，黑色的鞘翅上面的肤色还没有蜕完，它的蓝斑、绿斑、红斑正在形成，金属光泽在阳光的照射下，闪烁着迷人的光。

此时，有一只半翅目的小虫落在虎甲的旁边。虎甲立即面朝半翅目小虫，并用长长的触角扫向它。小虫感到危险，拔腿便跑了。虎甲也没有去追它，而是待在原地没动。

虎甲的目的落空了，此时，它又把目光转向我的镜头，

一只半翅目小虫落在虎甲旁边

仍然一动不动，表现出很强的耐性。由于距离太近，我不停地看准时机给它拍照。相持两分钟后，它的两只触角在空中摆动，六条细腿向后面搔动，看它那个样子，我忍不住笑了。等我再看它时，它已经跑到了柱子的最边沿，之后就没了踪影。它跑得如此之快，令我始料不及。

虎甲喜欢在山间的小路上出没，在小路上它们经常可以吃到美味的、正在吸食有机盐的蝴蝶和小蛾子，有时还会碰上多足的爬虫和行动缓慢的蝗虫、蝼蛄等。一旦遇到比它们大的动物，它们会连飞带蹦地逃跑。它们行动迅速，机灵敏捷，六条细腿和鞘翅是它们生存的法宝。

右图中这只白唇虎甲的鞘翅反射着金属色的光芒，鞘翅上有6个对称的白

白唇虎甲

在小路上寻找食物的白唇虎甲

色大斑点，中间那个大斑点旁边还连着一个小白色斑点，区别于上面提到的褐唇虎甲。不同区域的虎甲长相也不相同。

这种白唇虎甲很漂亮，也叫金斑虎甲，很少见。它们的头和前胸背板大多为铜色、金绿色，鞘翅大多为深蓝色，每只鞘翅上有 4 个白斑。它们栖息在溪流或湖泊边沿的沙滩上，能快速飞动和奔跑。

虎甲一般两年一代，雌性虎甲把卵产在土穴里，孵化变成幼虫，幼虫期大约为一年，成虫期约有 10 个月。过冬时虎甲会钻进自己打的洞或自然形成的土穴内。

趴在树干上的蜡蝉

　　为了保命，遇到危险时动物界的大小动物都有自己的高招妙方。昆虫纲的小不点儿们也不甘示弱，有的堪称"撤退先锋"，它们的逃跑方式让人忍俊不禁。

　　我国广西有一种昆虫，十分美丽。它有娇小的身段，体色艳丽，恰似孔雀的羽毛，黑色的大眼睛镶嵌在头上，樱桃小嘴一点点。乍一看，它长长的脖子与身体连接，像一顶橘红色的帽子，六条纤细的小腿红黑相间。它那高傲的姿态、不可一世的架势、大腹便便的孔雀羽裙，无一不在展示着它的美！

　　这种昆虫叫蜡蝉，也叫龙眼鸡，是我国南方特有的昆虫。我在广西巴马长寿村旅游时，无意间在一棵大树的主干上发现。这种昆虫我在北方从未见到过，当时只觉得它很好看，就拿照相机连着拍了好几张。正在我聚精会神拍摄的时候，它突然不见了，由于拍摄距离太近，数码照相机的荧光屏呈现一片空白。再看树上、空中，也都没有它的踪影。它跑哪儿去了？我连忙继续寻找，却仍然不见它的踪影。我正要放弃时，忽然看见地上的一片树叶上静静地躺着那只彩色的龙眼鸡。它那圆睁的眼睛一动不动地看着我。看上去已经没有了生命迹象。但稍停一会儿后，这小家伙见没有动静，趁我不注意，突然展开翅膀，很快地飞跑了，还摇晃着长

正在分泌蜡质丝状物的蜡蝉幼虫

长的"鼻子"。我笑了笑，任它飞吧。这小家伙遇险不是常规地向上飞逃，而是出乎意料地向地下草丛中坠落，会装死，且很有耐性。当我们不了解它们时，往往会低估它们的智商，轻看它们装死逃生的本领。

河南省南召县山区也有类似的昆虫，也是一种蜡蝉。但是，它没有龙眼鸡漂亮。10 月，已过秋分节令，我到山区拍摄昆虫，见到几种蜡蝉的幼虫和成虫。它们身体娇小，发现我在拍摄它们后，总是很快地躲到所趴的茎叶的背面。等我离开后，它们又来到有利于它们的位置上，用两只小眼睛警惕地注视着周围。

蜡蝉幼虫会分泌蜡质丝状物，而成虫不再分泌蜡质丝状物。南方气候适宜于蜡蝉生存，因而蜡蝉较多，而北方蜡蝉较少。蜡蝉幼虫遇到险情便会立即转到植物的背面。

蜂类也有它们的逃生术。它们的尾刺能自卫，当有险情时，它们并不逃跑而是直接向对方发起主动进攻，使对方望而却步。

螳螂一旦发现险情，便会把它那吓人的大刀一样的前肢高高举起，仿佛在告诫对方："来者注意了！我可不是善茬儿！"

苍蝇依靠它敏锐的眼睛及时发现来者，并

南召县山区的蜡蝉

用独特的飞行技巧躲避危险。金龟子与其他甲壳虫和蜡蝉一样会用装死来躲避危险。

虎甲和蚂蚁发现危险时会立即逃跑；竹节虫发现危险时会立即俯下身体，隐蔽起来；臭椿象遇到险情逃不脱时，会从腹下喷出难闻的气味；蝈蝈遇到危险时，会依靠长长的两条后腿弹跳逃跑；瓢虫遇到险情时，浑身会发出十分难闻的气味，迫使敌人放弃幻想；蜻蜓发现险情时，会突然转弯画圈飞跑……大多数昆虫身上皆长有茸毛，能感知外界的细微变化，外界的温度、空气压力稍有变化时，它们就会立即逃遁。

纺织娘幼虫的触角很长，是身体长度的 2 倍。运动时，长长的触角在前面不停地扫来扫去。通过长触角感知不同物体的特征，会立即传导到它大脑的神经中枢，同时，它敏锐的眼睛也发现了所遇见的是何物。它们的两只后腿长且弹跳力强，可立即采取有利于自己的行动，比如逃跑或是进攻。蚂蚱、螳螂、蟋蟀、蝈蝈等昆虫的后腿同

纺织娘若虫

纺织娘的一样，长且有力，弹跳性极强，遇着险情它们就会通过弹跳逃跑。

有的昆虫是 6 条腿，长短基本一致，不能弹跳，但是它们爬行得很快，比如虎甲、土元等。有翅膀的昆虫遇到险情则可以立马展翅飞走，比如天牛、苍蝇、蚊子、蝴蝶等。

可见，昆虫都是逃生能手。

传粉与酿蜜

正在采花授粉的蜜蜂

酿甘百花蕊，往返千径路。

命遽三月余，留芳四季春。

我们都知道蜜蜂会传粉、酿蜜，那么它们是如何传粉、酿蜜的呢？

在自然界，蜂有 11 万种之多，它们尽管同属膜翅目，但是形态不同，筑的蜂巢不同，生活习性不同，食物来源也不同，其中，只有蜜蜂会酿蜜。有些昆虫如蝴蝶、小天蛾、熊蜂、夜蛾等也采食花粉花蜜，却不会酿蜜。

长喙小弄蝶具有虹吸式口器，会吸食花蜜，却不会酿蜜。

长喙天蛾，号称"蛾中小蜂鸟"，具有虹吸式口器，通常在花间悬停吸食花蜜，但不会酿蜜。

熊蜂的口器是嚼吸式口器，它可以伸得很长，能伸到花瓣的深处，吸食花蜜，但不会酿蜜。

青豹蛱蝶有虹吸式口器，喜欢在开阔地活动，常采集花蜜，但不会酿蜜。

蜜蜂为什么会酿蜜？我在长期观察中发现了一个有趣的现象，或许能帮助我们解开其中之谜。

长喙小弄蝶

熊蜂

长喙天蛾

青豹蛱蝶

冬去春来，首先报春的是花，接着便是勤劳的蜜蜂。自然界的很多植物都会开花，但是不一定都会结果。农作物开花结果，都需要异花传粉，而蜜蜂既能传粉还能酿蜜。

在我国南方和北方都有两种常见的蜜蜂，就是中华蜂和意蜂（意大利蜂）。

正在采花蜜的蜜蜂

蜜蜂

意蜂比中华蜂体形大一些。

蜜蜂的口器也是嚼吸式的，但是它的喙是鲜红短扁形的，和其他种类蜂的喙明显不同，这种短扁的红色喙有利于酿蜜。蜜蜂的后足胫节退化得既宽又扁，且有细细的茸毛，便于吸粘花粉。

蜜蜂口器中的喙有独特的酿蜜作用，而没有这种喙的蝴蝶、马蜂、小天蛾以及其他靠花蜜生活的昆虫，是酿不出蜜来的。

酿造蜂蜜的原料主要是花蜜，它是植物花内的蜜腺所分泌的，主要成分为各种糖类的水溶液。人们都知道蜂蜜是好东西，营养价值高，药食两用。至于蜂蜜是如何酿造出来的，却很少有人知道。其实，蜜蜂采集的花蜜需要经过反复加工、酿造，再加工、再酿造，才能变成蜂蜜。一群蜜蜂内部分工明确，雄蜂负责交配；蜂王专门产卵；工蜂有的负责采花蜜，有的专采花粉，还有的负责内勤、保卫。采回的花蜜被负责内勤的蜂吮入蜜囊，然后返回到口器中，再经红舌头反复搅拌多次后变成蜜汁，然后被移入另一巢房。

蜜蜂在反复酿蜜的过程中，不断加入各种生物酶，并混合均匀。原来的蜜糖和淀粉转化为葡萄糖和果糖，浓度达到65%～80%，而蔗糖含量降至5%以下，这样前后需要5～7天才能变成成熟蜂蜜。蜂蜜成熟后，蜜蜂就用蜂蜡把蜂巢封盖起来，以备外界蜜源缺乏时或越冬时食用。

蜂巢

两只缘椿的若虫

　　人类主要依靠独特的语言传递信息，有时也依靠肢体活动即肢体语言来传递信息。昆虫虽然不会像人类那样用话语直接传达意图，但是它们也有自己独特的交流方式。它们的"语言"只有同类才能"读懂"，像蝉、蟋蟀、蝈蝈、纺织娘等会用鸣叫传情，有的是用气味或触角的直接接触等方式来传递信息，蜜蜂依靠不同的肢体活动方式传递已获得的信息，还有的昆虫依靠飞行时翅膀扇动空气的响声传递信息。

　　上图中的两只缘椿的若虫隔着一片树叶在打招呼。它们没有"眉目传情"，也没有"卿卿我我"，风儿、气味、肢体等都可以帮助它们传情。它们没有"媒人"，有时却有"第三者""第四者"来捣乱。

　　右图中的两只蚂蚁通过肢体来传递彼此的信息，看得出它们是同一窝蚂蚁。它们有相同的长

两只蚂蚁

相和颜色、差不多大的个头，表现得异常亲热和谐。

两只将要交配的粉蝶为了防止干扰，双双飞到枯萎的千里光的干花蕾上。即使这样还是有干扰者慕名而来。"第三者"的到来，并没有影响两只粉蝶的激情。知趣的"第三者"看无机可乘，也就没有落在枯萎的花蕾上争风吃醋。

棕色甲壳虫依靠触角和气味来辨别敌友，传递信息。甲壳虫腹部下有一个臭味发射孔，在遇到紧急情况时会发出难闻的臭气，让对手望而却步；到了发情期，则会发出性激素招引异性。

昆虫的呼吸器官不同于其他动物，因此，与哺乳动物依靠鼻子和口腔呼吸不同，昆虫依靠身体的气孔来与外界交换气体。

瓢虫属于鞘翅目，身上有一种难闻的气味，当遇到危险时这种气味会通过全身释放，同时向周围扩散，当它们的同类闻到了这一危险气味，马上就会展翅逃

灰蝶

瓢虫

两只正在传递信息的甲壳虫

跑或者躲藏在隐蔽处。

　　到了性成熟期，雌雄昆虫都会向对方释放出性激素的气味，通过空气的传播而相互吸引。

　　昆虫的信息传递方式五花八门，自然界能利用的条件，比如风力、空气、光线、声音、草丛、树木等，都在它们的利用之列。

正在交配的两只天牛

天牛

妙不 可言的姬蜂产卵

曾经有一个困扰我多年的问题：膜翅目姬蜂那长长的尾巴到底有何作用？在我的长期努力下，这个问题的答案终于被揭晓，并在我的微距镜头里留下了最真实的影像。

几年前，我在山区发现了一种姬蜂。姬蜂的种类相当多，它们有一个共性，就是腰细，且身后都有一条细长的尾针，这条尾针甚至比它们头、胸、腹的总长度还要长。这样一条长长的尾针到底有什么用途？为什么其他蜂类没有这条"碍事"的尾针呢？

有着细长尾巴的姬蜂

两年后，我再次来到这个山区。有一次，当我正在观察一棵老柳树时，突然，有一只姬蜂落在我眼前的树干上。它若无其事地爬行着，吸引了我的全部注意力，于是我继续静静地观察。

姬蜂在柳树干上随意爬动，终于它停了下来。我并不知道这个小家伙要干什么，只见它用弯曲的腹部把那根细长的尾针从身后慢慢向胸前蜷起，它看起来很轻松，像是个老手。接下来它要干什么？我继续观察。

姬蜂在寻找合适的地方产卵

姬蜂终于停止了爬动

只见那条细长的尾针在树干上有规律地捣动，腹部像伸缩的弹簧，一下一下地抽动。终于，我看出名堂来了。原来，那根细细的长尾针是雌姬蜂的产卵器，雄姬蜂则没有。两年来的疑问将要解开。

　　只见它的六条腿站立不动，只有肚腹的抽动带着细细的长尾针在柳树干上上下插动，像蜻蜓点水，又像啄木鸟在啄动树木。它通过腹部不停地抽动把产卵器插进树干，同时把自己的卵产进树干，看来姬蜂的产卵器相当坚硬，不然是插不进树干的。抽动7~8次后，姬蜂才把产卵器从树干里拔出来。

雌姬蜂有一个长长的产卵器

　　然后，它又爬向另外一个地方，再次把产卵器收到腹部。它的六条腿仍然站立不动。细长的产卵器以树干为支点，支撑着细腰和腹部，令腹部形成了一个弯管。产卵器在腹部肌肉的带动下，有规律地插动，一次次把卵产进树干内。

　　在抽动了7~8次后，它又把产卵器从树干中拔出，收回腹部，让产卵管又恢复到直线形的原状。它继续翘着细细的长尾针在树干上爬行，在找到

姬蜂把卵产进树干

适合产卵的地方后，它停了下来，重复上面的产卵动作。它十分认真地做着这一切，它的细心、不懈，并不亚于绣花的妇女。这一次可遇不可求的邂逅，使我大开眼界。

姬蜂产一次卵大约需要 3 分钟，在我观察的这段时间内，它共产卵 7 次，换了 7 个地方，耗时 20 多分钟，共产卵 40 ~ 50 只。有意思的是，它产完卵就飞走了，再也不回来看自己的孩子一眼。

我默默地用了 20 多分钟时间把姬蜂产卵的全过程拍了下来。这让我感到由衷的高兴，因为多年来困扰我思绪的问题终于解决了。

姬蜂和其他昆虫一样，都是大自然的精灵，由于生命周期短暂，它们只能多多产卵。我们应尊重、爱护姬蜂，为它们的生存营造适宜的环境。

蚜虫的天敌——草蛉

草蛉

脉翅双翼金眼睛，慢飞轻盈美精灵。

生吞蚜虫不留情，翩翩而飞孤独行。

草蛉是一种相当常见的完全变态昆虫，一生中有卵、幼虫、蛹和成虫四种不同形态。在卵期、蛹期草蛉不能进食，它们的捕食行为主要发生在幼虫时期和成虫时期，尤其以幼虫期捕食量大，能消灭大量蚜虫。草蛉是蚜虫的天敌，草蛉幼虫长相丑陋，捕食时十分凶猛，但因为没有翅膀只能爬行，所以也叫"蚜狮"，成虫才叫"草蛉"。

草蛉成虫能越过寒冬，有时它们也会飞到温暖的房间里。春暖花开时雌草蛉开始产卵，有趣的是草蛉交配一次却可多次产卵。草蛉妈妈会把自己的卵有选择地产在植物嫩尖上，那里是蚜虫最多的地方。这样草蛉幼虫一出生就有美味的食物可吃，不用为食物发愁，可见草蛉妈妈的良苦用心。

据我观察，草蛉的卵几乎都产在树叶或者嫩枝下面比较隐蔽的地方，不易被天敌发现。它们中大部分都有一条细长的丝柄，一端被草蛉妈妈粘在植物的枝条、叶片、树皮等物体上，而卵球却悬粘在丝柄顶端，目的是躲避其他昆虫的侵袭。

草蛉多在晚上借着夜色的掩护产卵，它们的卵往往十几只到几十只簇拥在一起，且排列有序，也有的只有一只或几只不等。尽管草蛉产卵较多，但受环境因素的影响也不可小觑，若天气持续干旱或连续阴雨，卵的死亡率还是很高的。

草蛉的卵多产在蚜虫最多的地方。图中绿色嫩秆下面的细丝柄小球便是草蛉的卵，在植物嫩秆上面爬行的就是蚜虫。草蛉的卵在适宜的温度、湿度中由白色逐渐变为浅绿色，经过数天的自然孵化再变为深黑色。幼虫自己咬破外壳从卵囊里爬出来，顺着丝爬到根部，来到自然中，开始了捕食蚜虫的生涯。

不过，有一个问题可能会困扰我们：草蛉幼虫在密封的卵壳里是怎样拱出来的？原来草蛉幼虫头顶有个小钩子连在卵壳上。当幼虫从卵里孵化出来后，头部的转动会令钩子划破卵壳，并在其顶端割开一个圆形口子，这样卵壳顶部就出现了一个圆形盖子。随后，钩子会自动脱落，幼虫便从圆形盖子那里拱出来了。臭椿象、草蛉、卵生甲壳虫等的幼虫孵化时都具备这种划破外壳的奇特功能。

树叶背面草蛉的卵

草蛉的卵和附近的蚜虫

保护蚜虫的蚂蚁

　　草蛉幼虫在吃蚜虫时，它的唾液能溶解蚜虫体内的肉质，待其溶解后再吸进体内，让蚜虫成为一只空壳。草蛉幼虫一天可吸食百十来只蚜虫。

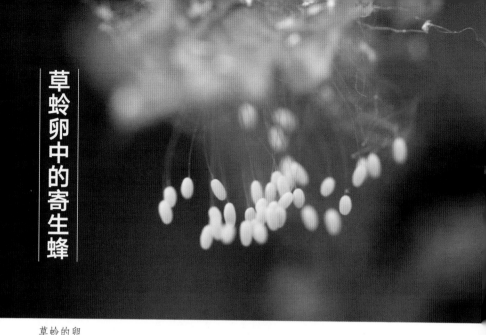

草蛉的卵

草蛉卵中的寄生蜂

> 掉阖阴阳事，花落天地间。
>
> 情绵丝难断，雨露润甘甜。

　　了解昆虫，认识昆虫，研究昆虫，始终绕不开的一个重要话题就是昆虫的传宗接代。

　　科学必须真实反映事物的真实面目，不能凭空想象；科学必须建立在反复认真观察、思考的基础上，结合前人总结的成果，去伪存真。人们对于昆虫的观察与研究既是个古老的话题，又是一个崭新的话题。尽管昆虫与人类朝夕相处，关系密切，但是很多人对它们了解甚少。甚至，由于对于昆虫观察研究得不够，很多人的认识还出现了一些误区。

　　只有完全掀开昆虫不为人知的神秘面纱，人们才能彻底了解昆虫。

　　有一年的 5 月初，我在白河岸边发现了草蛉产的许多卵，且有许多草蛉的尸体悬挂在灌木丛的枝叶上。我发现了一只躲在一片树叶背面的草蛉，它可能是正在绿叶下寻找蚜虫，也可能是在准备产卵。为了方便观察，我把那片树叶上的草蛉卵连同树叶一起摘下，带回家中。这片树叶上有 18 粒由细丝支撑的卵。自 5 月

5日开始，我每天都仔细观察，并做记录。到了5月14日下午，我开始看到有草蛉的幼虫从卵里拱出来，不用微距镜头拍照还真难发现它们。

躲在一片树叶背面的草蛉

草蛉卵在我刚拿回家时呈淡绿色，经过几天的自然孵化变为白色，再经过几天又变成黑色，近10天后孵出草蛉幼虫。小家伙们蠢蠢欲动，忙上忙下的样子甚是好看。

我立即用微距数码相机对准它们拍照。经过艰辛的努力，我终于观察到了草蛉卵里一个天大的秘密——草蛉卵被它的天敌寄生蜂寄生了。

刚出卵壳的寄生蜂成虫有一对晃动的触角，每一个触角都有11节，还有两只忽闪忽闪的大眼睛、两片叶脉状的小翅膀、乌黑发亮的躯体、六条灵动的小腿。卵壳上被小草蛉拱掉的盖子圆圆的，由细细的卵丝粘连在干枯的树叶上。

破卵而出的寄生蜂

一只刚从草蛉卵中羽化的寄生蜂

　　我用相机不停地拍摄，不断地细心观察。简直不敢相信，刚刚孵出来的寄生蜂竟然开始雌雄交配了。

　　它们的雌雄交配经历了 88 秒的时间。交配后寄生蜂便若无其事地各自活动了。

正在交配的寄生蜂

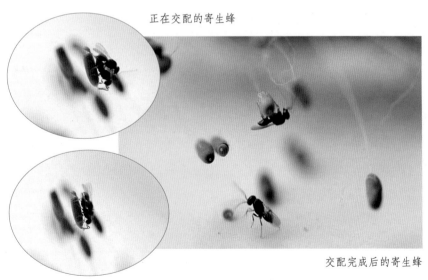

交配完成后的寄生蜂

刚出卵壳的寄生蜂

玉带蜻蜓的隐秘生活

在植物茎上歇息的玉带蜻蜓

　　玉带蜻蜓，是蜻蜓的一种，它全身黑色，发出金属般的光泽，腹部有两节是雪白色的，像一条玉带一样。

　　这种蜻蜓主要生活在山区的溪水旁，每一只雄蜻蜓都喜欢占领一片水域作为自己的领地，以捕食猎物和等待雌蜻蜓的光顾。蜻蜓的两只大眼睛能环视270°，它们目光敏锐，行动快捷，飞行技艺高超，时而向高空飞进，时而在超低空飞行，时而悬停在半空，时而突然转变方向。飞行时它们的六条长腿会收缩在腹下，以减轻飞行时的空气阻力。

　　蜻蜓是一种常见的较大型昆虫，体长 2~15 厘米，属半变态差翅亚目，种类有很多。蜻蜓是益虫，它们吃苍蝇、蚊子及其他飞虫。全世界已知的有 29 科 6 500 多种。几年来，我已经拍到过 11 种蜻蜓的照片，并对它们进行了较详细的观察。

　　下图中雌蜻蜓在雄蜻蜓的监护下在小池塘产卵。上方的是雄蜻蜓，下方的是雌蜻蜓。

　　到了交配季节，三三两两的蜻蜓聚在一起，有领地的蜻蜓则在自己的临时领地里来回飞舞，一旦发现异性蜻蜓，就会立即飞扑上去与之交配。交配成功后，雄蜻蜓仍然不放过雌蜻蜓，它会威逼雌蜻蜓在自己的领地里产卵。雄蜻蜓飞舞在雌蜻蜓的左右，不让它离开半步。一旦雌蜻蜓飞出去，雄蜻蜓会立即用翅膀扇打雌蜻蜓，把雌蜻蜓再撵回自己的领地，它要看着雌蜻蜓把卵产在自己的水域。雌蜻蜓无可奈何，失去自由的它只得把卵产在雄蜻蜓的领地。尽管与雌蜻蜓只是露水夫妻，雄蜻蜓对此事也很认真，生怕雌蜻蜓再同其他雄蜻蜓交配，而将自己的后代排斥在外。

飞舞的两只蜻蜓

蜻蜓种类繁多，但是，为了种族的纯净性，它们不会与不同类型的其他蜻蜓交配。比如，玉带蜻蜓只和玉带蜻蜓交配，猩红蜻蜓只和猩红蜻蜓交配，棍腹蜻蜓只和棍腹蜻蜓交配，金环蜻蜓只和金环蜻蜓交配，等等。

一只性成熟的雌蜻蜓一生中会产许多次卵。它们大多会把卵产在水下，有的还会把卵产在水中的漂浮物的背面，以免被炙热的太阳光直接照射。

蜻蜓既有领地意识，又喜欢炫耀自己，尤其是雄蜻蜓，它们总要把自己的尾巴翘得很高很高。一方面是在宣布自己的领地

飞舞时扇起水波纹的蜻蜓

一只高高翘起尾巴的蜻蜓

主权，告诫别的雄蜻蜓不要侵犯；另一方面是在向异性显示自己的魅力。它们这么张扬，就不怕被天敌发现吗？一旦被天敌发现那可不是闹着玩的。不过，它们的复眼非常了得，能让它们迅速感知到危险，所以它们溜得也快。

伪装大师——竹节虫

趴在树叶上的竹节虫若虫

竹节虫是我国北方难得一见的奇特昆虫，一般雄性有翅膀。它们主要分布在热带和亚热带的丛林地区，属于中型至大型昆虫。全世界有 3 000 余种，我国有 300 多种，主要分布在湖北、河南、云南、贵州等省，生活在森林或竹林里，为害虫。这几年我在河南省南召县东曼深山区有幸发现了 6 种竹

趴在竹子上的竹节虫

节虫，且大都是雌性，这在平原地带实属少见。竹节虫为渐变态昆虫，多以卵或成虫越冬。由于雄竹节虫数量少，且雌雄难以相聚，所以雌虫常孤雌生殖，并将卵散产在地面上，到了春天，温度适宜时孵化出雌性若虫。若虫以树叶为主要食物来源，其长相酷似竹子的节竿，因此得名"竹节虫"。

竹节虫若虫身体细长，行动缓慢，白天潜伏在树的枝叶上，到了晚上才出来

活动。它们警惕性比较高，一有风吹草动便立即匍匐在绿叶上以躲避危险。雄竹节虫比雌性体形小许多，但其尾部长，这是为了便于与雌性交配。

性成熟后，雌竹节虫的尾部会翘起来，同时会释放雌激素招引雄性的光临。深褐色的身体是竹节虫变老的象征，当身上出现深褐色后，它会急切地等待交配。

产卵后，雌竹节虫会把卵背在身上，遇到合适的土壤后再把卵放下来。大部分竹节虫

尾部翘起的竹节虫

会把卵放在松软的土壤或土地缝隙间。

竹节虫食性单一，只吃植物的叶子，口器为咀嚼式。中原山区的竹节虫都属于小型或中型。白天它们也活动在草丛中和竹林里，仔细观察还是能见到它们活动的身影。

竹节虫由于身体非常脆弱，行动迟缓，极易受到外来作用力的伤害，这种伤害对它来说可能是致命的。竹节虫的柔软身体正好适应了恶劣的环境。

草叶上深褐色的竹节虫

背着卵的竹节虫

竹节虫若虫

断了一条前腿的竹节虫若虫

　　竹节虫若虫的足受到伤害时会自动脱落，并长出新的足，就像壁虎在遇到危险时尾巴会自行断掉，待脱逃后再长出来新的尾巴一样。竹节虫的外骨骼也不像其他甲壳虫的外骨骼那么坚硬，而是软的，极容易蜕掉。

罕见的伪蝎

蝎蛉是一种专吃蚜虫的小昆虫，它的尾巴十分像蝎子的尾巴，但不会蜇人，仅仅是交配器官。伪蝎有两只蝎钳形的前爪，十分像蝎子的两只钳子，是其进攻和进食的有力工具。在山区蝎蛉较多，而伪蝎很罕见。

伪蝎喜欢在潮湿避光的地方活动。它的腹下有六条腿，呈棕色，背上有 13 条

隐蔽处的伪蝎

背纹，身体很像土元，但是它比土元多两只带蝎钳的附肢，每条附肢由4个跗节构成。它的头呈黑色，以吃比自身小的昆虫为生。它仅有约3毫米长，行动敏捷，遇到险情，会立即把两个蝎钳高高举起，摆出一副吓人的姿势。如果看到对方强大，争斗不过，它就虚晃一枪，马上逃跑，找能隐蔽的地方躲起来。等险情消除了，它又耀武扬威地跑出来，那架势真叫人忍俊不禁。这种虫太渺小，隐蔽性又强，故而我们很难见到它们，对它们的生活习性以及繁衍更是不了解。

蝎蛉

蝎蛉属于长翅目昆虫，尾巴形似蝎子的尾巴。它们拟态凶残的蝎子，就是为了避免天敌的侵害。它们喜欢在有蚜虫的小树上爬行，属于肉食性昆虫。它向下的原始咬合式口器与身体成直角，形成喙状结构。成年蝎蛉有长而多节的丝状触角；复眼发达，一般有3只单眼或眼点；通常有2对膜质长翅。

一只正在筑窝的蜂

马蜂腰细是大部分人都知道的，但问起其中的原因，知道的人就未必有那么多了。马蜂属于膜翅目细腰亚目昆虫，全世界已知的有 10 万余种，我国分布种类大约有 3 万种。它们几乎都是群居的生活方式，内部分工明确。往往每年初春时节先有一只雌性马蜂在某处筑窝产卵，随后会有一窝蜂在此处忙碌。

它们的腰部都十分细，好像就要断开的样子。有趣的是，只有同类的蜂才可以交配，不同类的蜂是不能交配的。

一只蜂正在筑自己的鞭状蜂窝，它十分认真地工作着。筑鞭状蜂窝的蜂类比较少，一窝蜂的数量大约不会超过 40 只。它们

两只雄蜂在争夺与一只雌蜂的交配权

合作默契，有条不紊，以其他昆虫为食物，以尾刺为武器。

蜂类的细腰使它们的腹部灵活机动，能转动270°，可以上下、左右转动。

下图中的蜾蠃，后腿有6节附肢，能弹跳、爬行，遇险时可以飞逃。

哑铃细腰蜂看上去十分像体育器材哑铃，腰黄色细长，胸部和尾部黑色，后腿细长，膜翅狭长。

蜂类的身体大部分是细腰，便于它们灵活转动。它的随意转动，可以让尾部的刺从不同角度刺向猎物和入侵者，就如同螳螂的两把带刺前爪，可以随意变换方向、角度抓住猎物，让对手望而生畏。

两种长相差别很大的蜂

蜾蠃

哑铃细腰蜂

蚂蚁和蚜虫

昆虫的共生

蚂蚁和蚜虫

在一片鸡冠花盛开的园地里，秋天的气息已经浓厚。螳螂由幼虫长为成虫，经过几次的蜕皮，它们的体形越来越大，同时到了它们谈婚论嫁的大好时光，也是雌螳螂为养膘增肥而疯狂进食的黄金期。每年5月初，螳螂卵鞘会孵化出近200只螳螂若虫。由于自然环境的恶劣，真正能长成螳螂成虫的寥寥无几，绝大部分螳螂中途夭折。

即使存活下来，螳螂仍然要面临许多不确定的危险，在我镜头下的这只螳螂是位幸存者。螳螂喜欢吃苍蝇，凡是它有幸碰到的，它都不会轻易放手。看到这么多的小果蝇无拘无束地围绕在螳螂的周围，我不禁纳闷：难道果蝇喜欢上了天敌螳螂？只见螳螂若无其事地用前肢挡着自己的头，好

一群果蝇趴在一只螳螂的前肢上

似害羞一般。一群果蝇漫不经心地趴在螳螂的前肢上，还有几只正在飞来。是螳螂给它们提供了什么美食而让它们忘掉了危险吗？还是说螳螂与果蝇是天生的共生伙伴？我仔细察看，发现并不是我想的那样。原来，螳螂正在无声无息地咀嚼着一只果蝇，

果蝇围着螳螂

以填充自己饥肠辘辘的肚子，但其他果蝇并不知道下一个被吃掉的将是自己。昆虫的暂时共生是各自利益的需要，一旦被打破，共生将不复存在。

其实，蚂蚁和蚜虫才是真正的有共生关系的"铁哥们儿"。

为了获得蚜蜜（蚜虫的排泄物），蚂蚁可谓尽心尽力地保护和伺候蚜虫。即使当蚜虫蜕皮时，蚂蚁还无私地帮助蚜虫，好让它们早点蜕完皮，以便自己舔食蚜蜜。蚂蚁是杂食性昆虫，它们非常喜欢蚜蜜的味道。众多的蚜虫吸引来馋嘴的蚂蚁，蚂蚁和蚜虫这两类臭味相投的小家伙有目的地走到一起。蚂蚁为了获得蚜虫的馈赠，甚至不惜得罪专吃蚜虫的瓢虫和草蛉。

美丽的红袖蜡蝉

喜欢群居的红袖蜡蝉

    红袖蜡蝉比较罕见，体长大约有 3 毫米，属于脉翅目。它们喜欢群居生活，全身通红，把嫩绿草叶装点得格外鲜艳。它们活动范围较小，喜欢在有水的草丛中吃含有纤维的青草叶。它们食量小，动作快，遇到险情就会立即躲藏起来。

    它们总是三五成群地活动在附近有水的草丛中，以爬行为主，平时两只翅膀伸直，以平衡身体，遇到险情时才飞行。它们主要以植物汁液为食，有时也吃蚜虫。

    红袖蜡蝉有两只前翅和由两只后翅蜕变而成的黄色平衡棒，飞行时能起到平衡姿势的作用，双翅对称，翅膀脉络清晰。它有刺吸式口器，两只大眼睛眼白多而黑眼珠小，圆圆的甚是好看。它的两个触角细而短，根部粗壮，

一只红袖蜡蝉落在一片树叶上

正在向上爬的红袖蜡蝉

肉感强，和其他脉翅目昆虫区别较大。

它们以爬行为主，活动范围较小。它们的翅膀比身体要大得多，飞行时如同一个小红点在空中飘动，速度比较缓慢，飞行的距离很近。

红袖蜡蝉是植食性昆虫，雌雄异体，每年8月是它们交配的季节。此时它们群聚在一起，相互追逐，雌虫的尾部会分泌出雌激素吸引雄虫来与之交配。交配后，雌虫就在周围寻找合适的枝叶在其背后产卵。卵经过十几天的孵化，第二代红袖蜡蝉便诞生了。红袖蜡蝉一年可繁殖2～3代。

两只相互追逐的红袖蜡蝉

躲避敌害的红袖蜡蝉

正在吸食植物汁液的红袖蜡蝉

　　红袖蜡蝉警惕性较高，当遇到比它们稍大的昆虫时便会立即躲起来，避免与其正面接触，以保护自己。它们的两只大眼睛十分管用，红色是它们的警戒色，它们用两只大翅膀暗示对手："我身上没肉，不好吃。"

　　据我观察，红袖蜡蝉的口器比较特殊，它们爬行在植物叶上时会伸出来，专找鲜嫩的叶面吐上一些黏液，然后吸食被其溶解的汁液，同时排出一些透明的排泄物。

　　千奇百怪的昆虫总有些暂不为人所知的秘密，这些秘密引导着好奇的昆虫爱好者去不懈探究。

瓢虫蜕壳

正在吞食蚜虫的瓢虫幼虫

树木年轮年年转，昆虫蜕皮岁岁新。

生命可贵一载载，力挽狂澜扭乾坤。

所有的昆虫，在其短暂的一生中，都需要蜕掉几次坚硬的外皮才能变为成虫，这是它们必须经历的生理过程。蜕皮时是昆虫最易陷入危险、最无奈、最无助的时刻，直接影响了它们的寿命和数量的增减。为了深入了解昆虫，数年来，我已经拍摄了螳螂、椿象、蚂蚱、斑蝥、蝴蝶幼虫、蛾类幼虫、蝈蝈、蚁狮等昆虫蜕皮时的真实照片。瓢虫蜕皮的全过程，也被我拍摄到了。

瓢虫幼虫是吃蚜虫长大的，它们对蚜虫毫不留情。幼虫期的瓢虫一般要经过 4 次蜕皮，最后一次蜕皮后它将成为蛹。

左右扭动着蜕皮的瓢虫

当蛹将要蜕皮成为成虫时，其尾部有个小小的吸盘，牢牢地抓紧附着的物体。蜕皮时先从头部开始，两只前附肢伸出来，后面的四个附肢也逐渐伸出外壳，圆形翅膀随后蜕出。但是，它背上的皱皮很难蜕掉。这是一个漫长的过程，它们有的需要几天甚至十几天不吃不喝，静待蜕皮时刻的到来，而干燥的空气和体内水分的不断蒸发，更增加了蜕皮的难度。

丑陋的幼虫蜕变为美丽的瓢虫要经历漫长、痛苦、凶险的过程。瓢虫幼虫要想挣脱坚硬的外骨骼的紧裹，需要适宜的温度、湿度，安静的环境，生长激素的刺激等一系列因素的作用。

恰巧，我碰上过一只瓢虫正在蜕最后一次皮的场景。

我用微距镜头详细地把瓢虫蜕皮的过程拍摄了下来。拍摄的过程中我一直在为它捏着一把汗，也被它顽强的意志所感动。

任何生命都是异常宝贵的。昆虫的生命很短，蜕皮对于它们来说是至关重要的环节。每一次蜕皮都生死攸关，它可能会蜕掉坚硬的外壳生存下来，也可能还没有蜕完皮就永远地定格在硬壳里。

瓢虫在蜕皮时非常认真、努力，当头部露出硬壳后，它会用力向后退缩。然后再用力向前挣扎，同时用前爪抓紧附着物，让与外壳粘连的身体挣脱外壳的禁锢。

抬头挣扎蜕壳的瓢虫　　　　　　　　　　正在扭动身体蜕壳的瓢虫

随后，头部向两边转动，再用力向上抬起，让身体向后退缩。每做完一次动作便会稍稍休息一会儿，然后再接着继续努力。

就这样头部反复地伸缩，躯体不断地扭动，经过将近十个小时的磨难后，瓢虫终于获得了自由。获得自由的瓢虫变得光鲜亮丽。浴火重生的快乐，让瓢虫爬上自己原来赖以生存的旧壳，流露出告别的快乐。

为了清晰地拍下瓢虫蜕皮的全过程，我始终用双手拿稳微距照相机，用超近距离，连续拍摄，近半个钟头后，我的手指头已经麻木。长时间盯着一个物体近距离拍照，让我的眼睛也不自觉地流出了模糊双眼的泪水，但是我无怨无悔。

生命是宝贵的，为了生命的延续，所有的生物都在为生存而努力，唱出一首首生命的赞歌。

快要脱离蛹壳的瓢虫

脱掉蛹壳的瓢虫

「瞎碰」食虫虻

食虫虻

边远的山区是各种昆虫的天堂。这里古树参天，竹篁茂密，溪水潺潺；这里春花秋果，和风细雨，阳光灿灿。深山中，有一种昆虫叫食虫虻。

食虫虻属于昆虫纲双翅目，在有的地方也叫牛虻，它们是"吸血鬼"。现在全世界已知的虻类大约有 4 000 种，我国已知的大约有 300 种。我在南阳山区见到和拍摄到的虻就有 11 种之多。

在山区，人们叫它们"瞎碰"，因为它们看起来似乎总是在空中胡乱地飞，瞎碰瞎撞。但其实它们很聪明，专找比自己个子小的蜜蜂、苍蝇等发起突然袭击，然后用带刺吸的口器插进它们的颈部吸取体液。一有机会它们还会毫不留情地向人、畜

食虫虻吞食大蚊子

进攻。它们的口器甚至能划破坚韧的牛皮、马皮。虽然食虫虻对家畜有害，但是，它也是一味非常有用的中药材。

食虫虻

食虫虻的翅膀下都有一对黄色或者黑色的平衡棒，那是后翅退化形成的，就像陀螺仪一样能起到平衡飞行的重要作用。若随便去掉其中一个平衡棒，食虫虻就会立即失去身体的平衡，成为真正的"瞎碰"。曾有人把一只食虫虻左边的黄色"棒"剪掉，放飞后，食虫虻一直在转圈圈，飞得很慢，没了方向感，就像人得了脑血栓，昔日的威风荡然无存。

一只蜜蜂采完蜜后载重而归，因身体负重，飞行速度明显降低。身手敏捷的食虫虻岂能放过这个难得的机会，恰好将蜜蜂逮个正着。

雄食虫虻的一对复眼距离较近，尾部较细而稍长；雌食虫虻的一对复眼距离较远，尾部稍粗短。平时它们各自活跃在草丛、畜牧场中，只有到了繁殖期它们

食虫虻捕捉蜜蜂

一对正在交配的食虫虻

才相会。

雌雄食虫虻往往在空中交配。它们的追逐十分疯狂。有时，雄虻追不上雌虻，它便会逮一些小型昆虫送到雌虻面前献殷勤，以获取雌虻的好感。在山区我就曾观察到这一幕。

食虫虻正在猎食蚜蝇

昆虫界的个体行为，主要是它们为了适应残酷的自然环境的后天行为，也有它们遗传基因的传承和延续，就像我们人类一样。只有细心观察，摒弃固化的思维方式，才能在"不变"中理解"变"的真谛，并科学地加以运用。

夜叫 的纺织娘

纺织娘与蝈蝈都是害虫，它们的长相看似差不多，以致人们往往认错。其实，它们的区别很大。蝈蝈体形肥大，大颚厉害，咀嚼力强，体色发绿，白天在黄豆地里活动。纺织娘却是一副干瘦的模样，它们喜欢生活在菜园、庄稼地、野外草丛等地方。纺织娘喜欢在夜间活动，一般在秋季的晚上 8 时以后，雄性纺织娘会在草丛里鸣叫，以呼唤雌性纺织娘进行交配。

纺织娘的雌雄很好分辨，雌性纺织娘没有发声器，不能鸣叫，而雄性纺织娘的前翅上有着明显的透明的发声器。另外，雌性体形较大而肥胖；雄性体形较小，瘦瘦的。有趣的是，当几只雄性纺织娘聚在一起后，它们会各自

浅灰色的平原纺织娘

展示鸣叫的技能，以此来吸引雌性纺织娘。而雌性则会选择鸣叫技能最高超的那只雄性纺织娘，其他雄性纺织娘也不会因此而打架。

嫩绿色的平原纺织娘

纺织娘在夜晚的草丛中鸣叫，"织织织"的声音洪亮而有节奏。雄性纺织娘在吸引雌性纺织娘时叫声婉转："织织织织，织织……"当附近没有雌性纺织娘时，雄性纺织娘的叫声则很悠闲："织织织，织织织……"

山区的雌性纺织娘

山区的雄性纺织娘

它们以叫声交友的成功率很高。

　　雌性纺织娘的尾部有一个翘起的尾巴，那是它们的性交配器官。性成熟后，尾巴的颜色由绿色逐渐变为橘红色，以吸引雄性纺织娘的注意。昆虫的肢体语言真是既美妙又富有情趣的。

　　雄性纺织娘的鸣叫绝大多数发生在夜晚 8 时左右，有些发生在夜里 12 时和早晨 5 时左右。鸣叫多是为了吸引异性注意，但有时则是在宣布自己是领地占有者，告诫其他雄性不要进入此地。

　　平时，人们极难见到山区纺织娘交配时的情景。有一年秋季，我在山区无意间拍摄到纺织娘交配的情景。它们在一起缠绵了 2 个多小时。刚开始，雄性纺织娘不停地鸣叫，叫声由慢到快，声音十分洪亮。后来，可能因为它

正在交配的山区纺织娘

已经鸣叫很长时间了，听起来叫声有些力不从心，声音也由快变慢。此时，一只雌性纺织娘来到它的面前，抖动身体，把尾部翘起，做出想飞的姿态。雄性纺织娘见机会到来，便用小眼睛直直地看着这位前来求偶的不速之客。我怕惊动它们，便屏住呼吸观察，瞬间它们就交织在一起了。纺织娘浪漫的婚礼就这样开始进行了，我用微距照相机，把这难得一见的场景拍摄了下来。

春蝉、夏蝉与秋蝉

我们聪明睿智的祖先早在几千年前，就根据气候与农事的密切关系总结出了二十四节气："春雨惊春清谷天，夏满芒夏暑相连，秋处露秋寒霜降，冬雪雪冬小大寒。"绝妙的是昆虫也遵守着节令。开春之时，春蝉在山野间鸣叫；暑伏日一到，满树的夏蝉齐声鸣叫；立秋之日临近，秋蝉的鸣叫声便此起彼伏，好不热闹。

每年4月初，树木刚吐新芽，我国中原的春蝉就开始在丛林中鸣叫。春蝉个头较小，约是夏蝉的一半，它们的叫声也完全不同于夏蝉和秋蝉。它们的叫声很响亮，"必，必，必，必，必，必，必……"连叫7声，最后一声"必"音拉长，然后一遍又一遍地重复。若没有干扰它们会一直鸣叫下去。当发现异常后它们会立马停止鸣叫，且躲到树干的背面。

春蝉

夏蝉

每年7月中旬，入伏节令到了，夏蝉就开始鸣叫。"知了"齐鸣，叫声连天，鼓噪声震耳欲聋。夏蝉腹下的蜂鸣器比秋蝉的短，所以它们的叫声没有秋蝉的响亮。夏蝉每天晚上8时左右从树根下钻出地面，然后开始蜕壳，白天寻找异性进行交配。雌雄蝉交配后，雄蝉就完成了自己的使命，很快就会死去；雌蝉在把腹中的卵产在嫩树枝上后很快也会死去。

秋蝉

秋蝉体长仅是夏蝉的 1/3，但它是"低老婆高腔"，个子小叫声却不小。"秋了，秋了……"叫个不停，每次鸣叫大约持续 4 分钟。它的蜂鸣器比夏蝉的蜂鸣器长出 1/3，鸣叫声特别响亮。秋蝉一般在每天的早晨和傍晚鸣叫。雌蝉喜欢叫声最响的雄蝉。

右图中，左边大个的是雄性夏蝉，右边小个的是雄性秋蝉。夏蝉腹部中间的蜂鸣器明显比秋蝉的短。雄蝉会鸣叫，而雌蝉没有发音器官，所以不会鸣叫。雌蝉的听觉器官在腹下，听力很强。

雄性夏蝉（左）和雄性秋蝉（右）

夏蝉产卵

在暗无天日的地下沉寂了 4 ~ 7 年，蝉急不可待地要见到阳光，为炎热的夏日增添生机。

趁着夜色，蝉从树根下拱出地面，呼吸新鲜的空气，感受从未有过的自由、快乐。它不顾一切地爬上树干，准备挣脱裹身多年的外衣。蝉蜕首先从脊背处裂开，然后蝉的头部伸出外衣的禁锢，之后依次是前面的四条腿、腹部和翅膀挣脱外壳。

即将蜕壳而出的夏蝉

刚刚出壳的蝉是嫩绿色的，过了一会儿就会变为黑色。出壳后它会立即向树顶端爬行，翅膀在爬行中逐渐干燥，此时，它们会震动翅膀飞到高处。雄蝉立即开始鸣叫以宣告自己出山了。雌蝉不会鸣叫，只是静听雄蝉的歌唱，它们正在为交配做着准备。

经过十多天的等待，交配后的雄蝉已走到此生的尽头，在树荫下，在树道旁，我们不时可以见到死去的雄蝉。雌蝉怀着大肚子，努力寻找适宜的嫩树枝以产下自己的后代。

刚刚出壳的蝉

干枯的树枝是蝉产卵的印记。雌蝉交配后会寻找柳树、梅子树和杨树等的嫩枝产卵。这些树的木质较松

软，树皮较厚，便于雌蝉产卵。

雌蝉先用锯状产卵
器把嫩嫩的树皮划开大约
10毫米长、2毫米深的
槽沟，再把尾部的产卵器
管伸进槽沟内，然后利用
树皮的自然愈合力量把产
的卵覆盖。随后，雌蝉又
划开附近的嫩树皮，再把

被雌蝉划开的树皮

卵产进第二次划开的槽沟内。接下来，雌蝉又重复上面的动作，把卵陆续产
进树皮内。就这样，雌蝉总共要划开大约25厘米长、2毫米深的槽沟，产
下100多枚卵。

蝉是很聪明的昆虫，它们为什么要把卵产在柳树、梅子树和杨树等的嫩
枝上，而不是产在附近梨树的嫩枝上呢？这是因为柳树、梅子树和杨树等的

木质比梨树松软，便于划破树皮和嫩枝。雌蝉把卵产完后，它们会爬回第一次产卵的树枝边，再在嫩枝上划一圈，就像给嫩树枝带了一个"金箍"，过不了几天，被划出金箍的树枝便在太阳光和风的作用下干枯了。雌蝉要的就是这样的结果。雌蝉的卵

植保农艺师正在查看梅子树枯枝上的蝉卵

在干枯的树枝里面，孵化成白色的会活动的幼虫。等到有卵的枯枝在风的作用下自动脱落，掉在地面上后，蝉的幼虫会争先恐后地爬出干枯的槽沟，钻进土壤里，开始了它们漫长、寂寞、黑暗的幼年生活。4～7年后这些蝉的幼虫，也会像它们的爸爸妈妈一样，从土壤里钻出来，开始新的生活。

下面左图中嫩枝里的白色长条就是由蝉卵孵化成的幼虫。

下面右图中被雌蝉为了产卵而划破的嫩枝已经枯萎，它的颜色明显与周围的嫩绿枝条不同。

只有细致观察，我们才能发现昆虫的秘密。对昆虫特征的发现也将对仿生学的研究产生重大影响。

被雌蝉产入卵的嫩枝

被雌蝉划破而枯萎的嫩枝

后　记

　　2019 年 4 月，"大地的精灵"摄影展在南阳市群艺馆举办，徐林瑜用微距镜头拍摄的 80 余幅昆虫照片，让观众领略到了身边随处可见却被忽视的昆虫世界的绚丽多彩。

美丽邂逅

　　《蝇子与蜗牛偶遇》拍摄于白河边，当时，徐林瑜正将镜头对准一只爬过草茎的蜗牛，1/200 秒后快门声响起，抓取的却是苍蝇在蜗牛壳上短暂停留的画面。定睛看时，这场生物界的会面已渺不可寻，只有数码相机里存在的图片证实这场邂逅曾经存在过。

　　这张图片仿佛一个隐喻——在徐林瑜看来，无论是在白河沙滩还是在深山腹地，每一次与昆虫的相遇，都是唯一而不可复制的偶遇，他庆幸自己的微距摄影能够留下这些精灵们的身影。

　　2011 年，徐林瑜从南阳市质监局退休，一向热爱摄影的他开始将镜头对准盆地里的昆虫。拍摄昆虫，需

蝇子与蜗牛偶遇（徐林瑜 摄）

要微距镜头，这些镜头价值不菲，物理专业毕业，爱钻研、动手能力强的徐林瑜，硬是将普通的放大镜经过 3 次对准焦点自制成可以放大 25 倍的微距镜头。

　　在拍摄过程中，徐林瑜见识了许多前所未见、前所未闻的昆虫。他的第一张微距照片是在南召东曼山中拍到的，主角是一个"指甲盖大小，有翅膀，口器特别

像驴嘴"的小昆虫，后经多方查询他才得知这种昆虫名叫蝎蛉。从蝎蛉开始，徐林瑜走上了微距拍摄南阳昆虫之路。

徐林瑜广为人知的两幅摄影作品，《绿腹宛蝇》和《汉冠螳螂》，也是他在南阳理工学院和南召山区中偶然拍摄到的。有着翠绿色腹部的食蚜蝇、"头戴高冠"的黑螳螂，是徐林瑜在任何书本和图鉴中都没见过的新品种，他便给它们取了这样两个名字。

蝎蛉（徐林瑜 摄）

真实记录

徐林瑜拍摄的照片，将昆虫的出生、成长、捕食、生育、死亡等，真实地呈现在世人面前。为了这份真实，他忘我地走进昆虫世界，观察、体验、定格着这些生命的悲欢。

绿腹宛蝇的腹部如绿宝石般可爱剔透（徐林瑜 摄）

屏顶螳头部顶着锯齿状的"帽子"（徐林瑜 摄）

一只螳螂正在蜕皮（徐林瑜 摄）

草丛和老林，是徐林瑜的工作间

昆虫大多机敏，但拍摄微距照片，需尽可能地靠近。徐林瑜的拍摄距离多在0.4～5厘米，为达到满意的拍摄效果，他得手持相机耐心地等待数分钟甚至数小时——不能用三脚架，因为往往在三脚架架设的功夫，拍摄对象早就飞走了。为了拍摄螳螂蜕皮的全过程，徐林瑜曾在野外静静地等待了4个多小时。

东曼山是徐林瑜常蹲的一个点，他常常一进深山老林就是七八天。为拍摄一幅好作品，他被蜜蜂蜇过，从手指肿到胳膊，一肿就是7天；被蜱虫叮过，吸饱鲜血后的蜱虫大如蚕豆，他的左脚踝3年后仍留有硬币大小的伤疤，一想起来就觉得钻心的痒。

随着对昆虫了解的深入，2015年起，徐林瑜着手撰写系列科普文章：《一对俏冤家》关注七星瓢虫与蚂蚁间的较量；《桑螵蛸与幼螳螂》讲述螳螂的出生与成长；《小黑蜂的手足情》描写幼黑蜂罕见的兄弟深情；让徐林瑜最为满意的《沙中精灵——倒臀》，则展示了他两年多的研究成果，以数万字的篇幅，描写白河沙滩日渐稀少的倒臀的生活轨迹，以及它们鲜为人知的生理过程。徐林瑜笔下的昆虫，像他镜头中的昆虫一样，真实而迷人。

徐林瑜已创作完成20余万字、150多篇科普文章，且每篇都配有他自

白河滩上的倒臀（徐林瑜 摄）

己拍摄的微距照片。百余年前，法国昆虫学家、文学家法布尔创作《昆虫记》时，因条件所限，没能留下照片，而徐林瑜的尝试，让人们不禁期待网络时代"新《昆虫记》"的问世。

甜蜜事业

徐林瑜是土生土长的南阳人，对家乡怀有深厚的感情，他将这份情感也投注到微距摄影中去，这点由"绿腹宛蝇""汉冠螳螂"的名字即可管窥一斑——宛是南阳简称，汉风是南阳最突出的文化特色。

徐林瑜拍摄有 3 万余幅微距照片，其中 95% 以上都是在南阳境内拍摄的。他认为，南阳盆地地处北纬 33° 南北交界地带，南方北方的昆虫都能在此繁衍生息，堪称昆虫的乐土，有着丰富的昆虫资源。

拍摄昆虫、描写昆虫、研究昆虫、介绍昆虫，成为徐林瑜退休后自发开展的一项事业。

徐林瑜发现，国内对昆虫的关注远远不够，许多昆虫科普书籍都是外国人撰写的。在徐林瑜眼中，昆虫数量巨大，占整个动物界的 76% 以上，是生态系统中的重要生物类群——植物靠昆虫传粉得以繁衍；鸟类以昆虫为食；人类穿的绸缎、用的蜡烛，以及治病用的很多药材也都离不开昆虫——值得人们关注、研究。徐林瑜在力所能及的范围内，孤独地进行着昆虫研究。他写的《南北昆虫相貌不同》，将南阳盆地、云贵高原、青藏高原的螳螂进行比对，描写南北气候的差异，刻画不同地域同类昆虫不同的长相与性格。

为了推广昆虫知识，徐林瑜曾在南阳理工学院、白河南十二小学门前举办图片展，也曾和南阳师范学院志愿者一起为孩子们开办昆虫沙龙讲座。这次在市群艺馆办展，是他和中国民俗摄影协会南阳影友联谊会的朋友们共同努力的结果。

"如果有人看了展览，对昆虫产生兴趣，进而兴起探究的欲望，这将是多么美好的一件事。"徐林瑜说。

——摘自 2019 年 4 月 19 日《南阳日报·早刊》　记者：周若愚